女性たちが見ている
10年後の消費社会

市場の8割を左右する「女性視点マーケティング」

抓住她的心！

左右80%市場的女性觀點行銷

日野佳惠子——著
劉格安——譯

前言

本書並不是專為女性而寫的行銷書籍。

而是透過行銷來實踐女性消費者眼中的世界。

行銷告訴我們，要時刻以顧客為出發點來思考事物。

例如站在顧客的立場、掌握需求、挖掘洞見等，這些議題在許多情境下都會被提出來討論並採取相關策略。

那麼顧客之中的主角是誰呢？

在所有消費情境中，擁有影響力的都是女性。

這是很多行銷人都知道的事實，不過即使知道消費領導者是女性，卻沒有人研究女性本質上的消費行為。

行銷人總說：「雖然做過各種調查，卻仍有那麼一點不滿意。」「老是得到相同的結論。」「就算做了問卷或訪談，也派不上什麼用場。」

筆者撰寫本書的背景，就是出於這些疑惑。

當然，也有人會說：「我們比較多男性顧客。」「我們的顧客沒有男女之分。」「因為我們男女各半。」

很可惜，以上每一句話都漏掉了一個重點。

那就是出發點。

只把眼前的顧客算成一個人，認為「男性購買男性的東西」、「女性購買女性的東西」，試圖用流於表面的方式解決問題。

許多男性認為「購買自己的東西就是購物」，這一點在女性觀點行銷中是無法通用的，因為許多女性在購買自己的東西時，會用另一個腦「同時思考」：「我有沒有忘掉誰的東西？」

「WORKMAN」是這幾年來急速成長，如今備受矚目的工作服品牌。

促成這波成長的並不是穿著工作服的男性，而是女性消費者。

隨著女性消費者的增加，WORKMAN 陸續進駐大型購物商場等地方，開設男女都好逛的「WORKMAN Plus」。二〇二〇年十月，第一家增設「# WORKMAN 女子」等女性商品的店面在橫濱開幕，排隊的人潮多到需要發放號碼牌。

WORKMAN 最初只打算將此作為實驗店，但隨後立即公布了開設四百家門市的展店計畫。

在開幕後的一場媒體採訪中，土屋哲雄專務董事提到一件非常有趣的現象。他說：「包含男女都適用的產品在內，剛開幕前三天的銷售有六成是女性適用的產品。儘管登門的顧客八成以上都是女性，卻有一半的營業額來自男性適用的產品，看來是女性替家人購買了休閒用的服裝。」

這就是「女性觀點行銷」。

女性消費者在瀏覽商品時，往往都有「為自己身邊的人買東西」的可能性。從女性用品、男性用品、青少年用品、兒童用品、長輩用品、寵物用品乃至給朋友的東西，數也數不盡。

在行銷領域中，通常都說：「女性會代替家人購買用品。」

不過那並不是代理購買這麼單純的消費行為而已。

也有為了經營關係而非代理的購物，例如要送給孩子的補習班老師的謝禮、姊妹聚會的伴手禮等等。女性腦中列著一張所有關係人的清單，會一邊瀏覽商品一邊連結對象，來判斷要購買什麼。

言歸正傳。

在執筆本書之際，我除了談論女性觀點行銷，還採訪了WORKMAN（九十六頁）、Soup Stock Tokyo（一〇四頁）、汀恩德魯卡（DEAN & DELUCA）（一一二頁）以及Pasco（一二七頁）等四家特別想介紹給諸位讀者的企業。在此誠心感謝協助採訪工作的各位。

除此之外，本書也提及許多企業案例，出發點是希望盡量採用具體的實例，讓讀者更容易理解。

我「感覺」現在全世界都在追求女性觀點。

我指的並不是「因為是男性所以如何」或「因為是女性所以如何」這種不公平的感覺，而是大家互相理解並攜手向前，才有辦法解決全世界的課題。

在已開發國家中，日本女性出任具有政治或經濟責任職位的占比極低。

從商業上的行銷觀點來看，這肯定也代表女性觀點的存在向來受到忽視。

所謂的女性觀點行銷，是有別於以往的另一種行銷。

若從女性消費者是會對市場帶來巨大影響的消費領導者這一點來思考，就會意識到盡快實踐女性觀點行銷一事，充滿著像WORKMAN那樣拓展新視野的可能性。

女性觀點行銷的奧妙之處，在於女性始終關注著未來的十年。

不過有趣的是，女性並沒有這樣的自覺。由於女性之間的共情彼此相通，因此並不會注意到那有多特別。

我在二〇〇九年出版了《刺激消費，我是主角》（寶鼎出版）[1]一書。當時我找來許多女性消費者做問卷與訪談，並委託大阪市立大學的永田潤子教授進行分析，以女性眼中所見的社會為題進行了發表。

經過約十年以後，如今世界上正在發生的事、人們被要求的社會責任，就是當年那些女性所談論的內容。當時還沒多少人知道什麼是CSR（企業社會責任）、永續性，更不用說SDGs（永續發展目標）等用語了。

為什麼女性能夠預見，或者正確來說是「預感」得到未來十年呢？

理由是因為女性的身心會保存種子，並試圖維繫到下一代。不是透過語言或形式，而是透過身心去掌握。近年來收錄瀕危物種的圖鑑或書籍持續增加，而人類大概也正朝著該被編列上去的方向發展吧。因此，解決社會課題的運動才會逐年擴大。

1 『「ワタシが主役」が消費を動かす─お客様の"成功"をイメージできますか？』，ISBN:978-4478010068

現在有很多女性社會創業家[2]，據說瑞典的環保人士格蕾塔・桑伯格（Greta Thunberg）從十五歲就開始展開行動。包含日本在內，世界各國十幾歲到二十幾歲女性紛紛發聲，因為她們都在關注十年後自己長大成人時的生活。

在此跳脫一下行銷範疇，來談一談生物學。女性在十歲左右迎來月經初潮，並如月亮的陰晴圓缺一般，具備著連結下一代的力量。

從美國高盛二〇一四年公布的〈Giving Credit Where It Is Due〉可以得知一件事。

女性的支出優先順序與男性不同，女性購買提升家庭幸福的商品或服務的可能性特別高，她們會在教育、健康照護或營養保健等領域消費，而且數字比男性高出好幾倍，給社會帶來的影響勢必遠大於勞動生產本身，可說是一種「對未來人才的投資」。

此外，《哈佛商業評論》的〈The Female Economy〉一文也指出「女性比男性更傾向於購買社會責任性強的企業商品或服務」。

在敝公司日復一日針對女性進行的意見調查中，無論已婚未婚、有無子女，女性

2　運用企業家的原則來組織、創造和管理一個帶來社會變革的企業的創業者。

的言談之間都經常提到「未來的」或「孩子們的」等字眼。

只要與女性面對面相處，就會談論起十年後可能出現的課題。

女性觀點行銷還是一個未知的領域。

我希望與展閱本書、具有智慧及知性的各位讀者，一同讓這種行銷昇華成全新的類別。不一定要牽扯到「永續」這麼遠大的主題，但就讓我們一同開拓能讓孩子們歡笑生活的日本與地球吧。

那或許就是當前最需要的一種行銷、一種品牌建立了。

我想與本書的讀者做個約定。

「為了那洋溢自信笑容的未來，身為大人的我們要克盡一己之力，向前邁進。」

歡迎來到女性觀點行銷的世界。

二〇二一年一月

株式會社 HERSTORY 代表董事 日野佳惠子

第三章 女性是影響九成購物行為的消費領導者

第四章 女性觀點行銷的商業模式案例

第五章 將女性觀點行銷導向成功的五個理解

第六章 女性觀點行銷的實踐訓練

第七章 未來將會成長的女性市場與著眼點

第八章

女性特有的「憂鬱消費」是空白地帶

第九章

女性眼中的十年後消費社會

序章

從女性觀點看社會，就能看見未來十年

男女同床異夢，女性觀點能感知未來

我開始撰寫本書是在二〇一九年的秋天。主題當然是「女性觀點行銷」。我面對著電腦，希望將多年來反覆研究與實踐的內容集大成並予以發表。

原本預計在半年後，也就是翌年的二〇二〇年春天出版，但誰也沒料到會迎來一場與病毒的抗戰。在新冠病毒的影響下，全球經濟大受打擊，日本也沒能倖免。

由於疫情的緣故，敝公司按月發行的女性消費者動向報告《HERSTORY REVIEW》改版升級，閱讀形式由紙本書改為下載PDF的方式。

在三月到六月的自肅（自主防疫）環境下無法安排訪談，公司也轉變成遠距工作。

原本我們會定期對女性消費者進行團體訪談，後來也改成個別的線上訪談。我們會個別訪談二十到六十幾歲的女性，她們的年齡或居住地都不一樣，不過無論是哪個年齡層或哪個地方的女性，都會提到相似的新詞彙。

沒錯，**女性隨時都在生活的第一線感知「未來」**。

那是為了守護家庭、守護自己、守護生活而「超前部署」的女性本能。

也就是一套如何在一邊工作、做家事、育兒、準備學校的東西、聯絡補習班、打好鄰里關係、買家人的東西等忙碌行程中，還能讓一切順利「運轉」的處世之道。

儘管社會高喊著男女平等、女性活躍等口號，但日本女性的家事育兒勞動時數，在已開發國家中排行世界第一，男性則是世界倒數第一。

我們在聽取她們的發言以後，決定將二〇二〇年七月號的女性消費者動向報告《HERSTORY REVIEW》做成「免費號外」，盡可能發放給更多的人。

然後在發表**〈女性消費者的七種與病毒共存型態（暫譯）〉**[3]並達到超乎想像的下載次數後，我們決心要加強貼近女性實際情況的調查與報告。

同時，我也將正在撰寫中的本書內容，改得更貼近女性本質。

為了讓眾多讀者能夠實際感受到「女性始終展望未來」一事，我反覆修正內容。也幸好因為肺炎疫情的擴大，家裡變成我主要的活動範圍，我才能擁有完善的執筆環境。

本書的書名《抓住她的心！左右80%市場的女性觀點行銷》[4]就這樣應運而生。

3　原文篇名〈女性消費者 7 つの With コロナ様式〉。
4　日文原書名《女性たちが見ている 10 年後の消費社会》，直譯為「女性眼中所見十年後的消費社會」。

二〇二一年起的十年間，「看不見的東西」會成為價值所在

很多人都說，因為新冠病毒的疫情擴散**「價值觀改變了」**、**「以往的做法行不通了」**、**「未來會如何發展？看不到消費者的未來」**。

請放心，女性觀點會告訴我們答案。

女性具備感知看不見的世界的能力，這肯定就是大家所說的第六感吧。

因為看不見，所以至今為止一直沒辦法讓他人了解。再加上，人們長年以來都認為看得見的東西才具有價值。

而要增加商品數量，不可或缺的觀點就是行銷。

如今時代終於追上女性的腳步，**「看不見的東西」成為價值所在**。

記住，「感知」行銷＝女性觀點行銷。

近年來常聽到**「從物品到事物」**[5]這句話。

在女性觀點行銷中，眼睛看不見的事物原本就比物品更受重視。此外，「共情行銷」、「共生行銷」、「共創行銷」等活用「共」的詞語也益發頻繁地出現，**「共」儼然成了女性觀點行銷的精髓**。

另外也有「從產品導向到市場導向」這種說法。

顯然女性觀點行銷無異於從日常生活中觀察事物的行銷。

自二〇一〇年起的十年間，女性眼中所見的世界已經「從事物到意思（意思、背景或想法）」。接著，疫情又讓人強烈意識到生命的重要性及互相體諒等社會性的存在意義。二〇二〇年，進一步「從意思進展到意義」。

「物品↓事物↓意思↓意義」，女性觀點會不斷接受本質上的變化。女性總是「感知」著未來十年。從二〇二一年起，會進入「意義」的時代。各位不妨採納以往忽略的女性觀點，攜手走向有「意義」的次世代社會吧。

5　可衍伸為「從商品到服務」之意。

女性觀點行銷的覺察與誕生

我意識到女性觀點行銷是二十幾歲時的事。當時任職於廣告公司的我，經常在開會過程中被要求提供資料。身為一名菜鳥，我總是忙著準備說明用的資料，而準備好的資料又老是被批得體無完膚。

雖然無法用言語表達，但我總是有種「明明這樣做比較好」的莫名感覺。為了能夠明確地表達出來，我還去商業學校和許多講座上學習。

然後有一天，我突然意識到，**所謂的行銷都是男性觀點**。

這樣的覺察讓我非常地震驚。

於是我決定獨立創業。為了證實「感知行銷＝女性觀點行銷」的存在，我創立了株式會社 HERSTORY。那是一九九〇年的事。

最初連我自己也無法明確區分「女性行銷」與「女性觀點行銷」有何不同。每次交換名片，很多人一看到女性二字就說：「我們不是化妝品公司。」或「我們沒有生產女性專用的商品。」

我想表達「女性觀點行銷並不是女性用品、男性用品或長輩用品這種概括性的分類」，卻苦於無法讓對方理解。

女性眼中的市場很大。

關係到生活、健康、教育、照護、休閒等所有領域，並主導相關商品的購買，有可能贈與他人，有可能提供別人意見，也有可能口耳相傳，或是在社群媒體上分享。

對女性來說理所當然的事，在商場上卻非如此，這使得我在各種場合頻頻受挫。

能夠將其明確地化為言語，是在二〇〇四年，結識了（當時的）豐田汽車國內營業部 Corolla 營業本部本部長新井範彥的時候（詳情收錄在拙作《刺激消費，我是主角》一書中）。

一開始是因為有資料顯示，購買汽車的男性之中，有百分之七十五表示妻子的意見具有相當大的影響力，於是對方委託我「調查女性眼中的決定性購買因素與經銷商業務員的仲介角色」。

結果發現，女性即使身為駕駛人，通常也都「不懂汽車」、「沒什麼興趣」或覺得「不懂的事情就是不懂」。

從當時的登錄人數來看，女性駕駛人的數量也早已超過四成。「儘管本身是駕駛人，對汽車也不甚了解。然而卻有百分之七十五的比例會參與丈夫購買汽車的決定」，這樣的狀況究竟代表什麼意思？

我們建立了一個假說，推測她們可能會在賞車的同時，設想到汽車以外的事。我們觀察到許多類似這樣的衝突場面：在現實中的夫妻購車情境下，丈夫會要求內裝採用皮革包覆，妻子則會要求內裝要能應付小孩吃東西弄髒車子，或喝醉酒嘔吐等狀況。

然後新井本部長下達的命令，就是推行「女性觀點行銷」活動。

意即：

- 女性觀點行銷不是針對女性設計的廣告或宣傳活動。
- 而是試著質疑以往所有行銷流程的活動。
- 如果從女性觀點來看，對不擅長機械的男性或高齡者進行推廣可能也會有效。

其後，便在當時全日本的 Corolla 門市經銷商展開「女性觀點行銷」活動，組織以女性員工為中心的專案，與以往的銷售方法同時進行，並從女性觀點篩選出在意的事項，活用在銷售上。

舉例來說，一般在男性觀點下，會以性能的數值作為商品訴求；但在女性觀點下卻會換句話說，選擇容易想像到實際上如何運用的詞語或說法。具體而言，如果在男性觀點下說「最小轉彎半徑是四點六公尺」的話，用女性觀點就會改成「不用倒車就能一次完成迴轉」。

其他像是重新檢視店內桌椅或觀葉植物的舒適度、設置吸菸室、廁所增設化妝區、設置哺乳室或換尿布的空間、改善兒童遊戲區或遊樂器材的衛生管理等等，方方面面都採納女性觀點，積極改善。

同時也找來全日本各地分公司的女性齊聚一堂召開會議。當時這種推行女性活躍運動的策略也備受矚目，各家經銷商都採用此作法。

女性觀點行銷質疑傳統行銷

女性眼中的消費社會有以下三大重點：

- **看到商品時，會一邊想像家人、子女或相關人士使用的情境。**
- **身為負責選擇的人，會挑選出對家人、子女以及社會有益的東西。**

女性觀點行銷概念圖

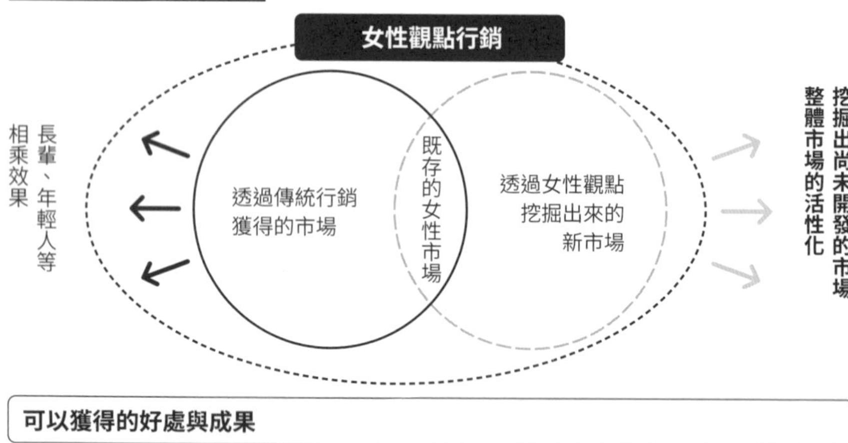

可以獲得的好處與成果

- 透過女性觀點挖掘出全新的市場
- 挖掘出藏在生活者觀點中的潛在需求
- 從女性觀點（新觀點）中誕生的商品企劃、銷售方法、廣告宣傳、技能建構
- 因形象提升而吸引年輕人的獵才效果
- 提升CS（顧客滿意度）、ES（員工滿意度）

・購買時強烈感覺到「商品＋對人友善的狀態＝商品價值」。

女性觀點行銷會隨著研究的深入而牽涉到更廣的範疇。

對象或類型都會隨之擴展。

女性消費行為的基本運作架構，就是由商品與商品以外的「對人友善」心意所構成。

女性會為了自己，還有與自己有關係的人，每天獲取、加工大量的資訊，並主動傳達給其他女性。

例如自己擅自買東西給親朋好友的**「雞婆型消費」**、替家人購買所需物品的**「代理購買型消費」**、與朋友聊到而購買的**「口耳相傳型消費」**、

大約十年前發表的「女性觀點行銷」圖

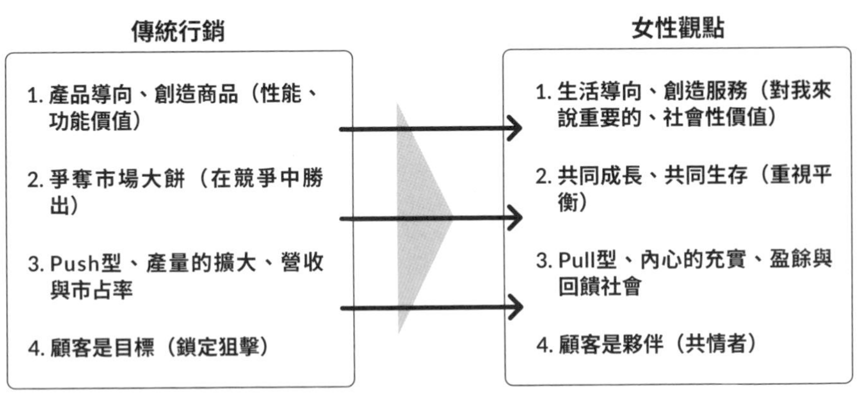

女性觀點是一種重視共情，強調「共」的概念，並以粉絲的立場化身為影響者的模式。以女性會想購買（會想推薦給他人）的架構為軸心展開行銷。

二〇〇九年，我們向女性消費者進行訪談，並從她們重視的關鍵字中推論出「女性觀點行銷與傳統行銷的不同」。

近期要和朋友聚會而購買伴手禮或紀念品的**「交際應酬型消費」**等等。

在所有情境下，女性都會先想到自己與自己以外的人才出手購物。

在我研究女性觀點行銷的期間，日本經歷了昭和、平成與令和三個時代。二十世紀大量生產、大量消費的時代也已告終。

地球持續暖化，災害肆虐，世界面臨疫情的威脅。

企業追求永續性與SDGs（永續發展目標）的態度與行動已刻不容緩。

同時，行銷的關鍵字也產生了變化。

而那是持續感知未來十年的女性觀點行銷最擅長的部分。

讓女性觀點行銷獲得成功的四項請求與心態

在繼續閱讀本書之前，我有四項請求：

1. 男性與女性同床異夢。在繼續閱讀之前，希望各位能認同男女雙方觀點不同的事實。男女之間有明顯的差異。許多腦科學的書籍、我與大學講座合作的消費者行為研究，還有我自己的親身體驗都提供了種種實證。

2. 女性觀點行銷不僅適用於女性顧客。對於各種類型的顧客，或客群以男性為主的業界，同樣有可能創造出全新市場，因此希望各位能夠向周遭的人推薦，就說多認識一種新的行銷方式也不會吃虧。

3. 不要獨自理解，不要獨自採取行動。由於女性觀點行銷有很多思考方式與傳統行銷相反，因此必須讓更多人理解才有辦法成功。希望各位能夠讓上司、團隊成員或客戶都有所理解，盡量推廣給所有相關人士。

4. 女性觀點行銷並不是所有女性都一定會懂的行銷。此外，女性即使能夠「感知」，也有很多時候不擅長用語言表達出來，再加上女性的人生大事往往會有劇烈的變化。狀態不同時，就算同為女性也有可能無法理解。正因為身為女性，所以我希望各位能夠客觀看待女性。

第一章

女性趨勢最新關鍵字

保持彈性、與時俱進的女性

要談論女性觀點行銷，就要重視社會的趨勢（時勢）。女性與生活密切接觸，往往能注意到細微的變化，並持續反映在日常生活中。

首先，為了擁有共同的認知，我們要先來了解一下，日本女性身處在什麼樣的狀況下。

據說日本的女性正以全世界最快的速度變化當中。

大家看到這裡可能會有很多不同的意見，像是「最近的女性愈來愈多樣化了」、「雖然都是女性，但也有很多種類型吧」、「社會上無論男女都在大幅改變吧」或是「當今社會哪還有什麼男女之分」等等。

因此我想先說明一下，日本女性究竟是如何持續地在變化。

敝公司每年二月都會舉辦「女性趨勢研討會」，公布當年女性消費者動向的關鍵字。

以下就來回顧這幾年來趨勢關鍵字的變遷。

從昭和到令和的女性行銷變遷

日本女性身處的環境，在這三十年來有大幅度的改變。

隨著時代從昭和、平成進入令和，女性的活動範圍已經不僅限於家庭，活躍領域急速擴張到職場和社會。

【從「適婚期」是幸福標準的昭和，到逐漸「走進社會」的平成】

從一九二六年到一九八九年為止的昭和時代，女性一旦迎來適婚期（二十四歲左右），就要結婚進入家庭，成為家庭主婦照顧家人，這在當時是理所當然的事。肩負所有家務事好讓丈夫在外打拚的妻子，與照顧孩子的母親，是女性唯二被要求扮演的角色。

改變這種趨勢的，是一九八六年實施的《男女雇用機會均等法》。由於這項法律的實施，在接下來的平成時代（一九八九年～二〇一九年），走進社會的女性急速增加。

隨著職業婦女的增加，育兒或部分工時等相關法律也逐漸完備，彷彿象徵著那個時代的「肉食女」、「草食男」等用語也流行起來。此外，也開始有人在討論，以工作為優先的女性增加一事，是否影響到了「少子高齡化」與「晚婚化」的現象。

【二〇一四年　智慧型手機元年，化身資訊傳播者】

這一年，女性所持有的智慧型手機數量首次超越傳統手機。

【二〇一五年　創造新消費，逐漸有了少子高齡化的實感】

開始實際感受到少子高齡化現象。孩子是寶貝。關注六個口袋（父母、祖父母與外祖父母）消費。

【二〇一六年　無法成為心中理想模樣的「迷惘女性」】

儘管女性走進社會的比例與傳播力呈現成長趨勢，二〇一六年卻成為一個轉捩點。自從人口減少，也就是「勞動力減少」的聲音出現之後，在積極採用女性的社會趨勢之下，女性開始煩惱現實與旁人期待之間的差距。

這段期間，有個社群媒體上的留言掀起話題，那就是「#沒抽中托兒所」，熱議的程度甚至入選年末流行語大賞前十名。

【二〇一七年　「尋找解放區的生存指南書」活出自己的人生】

在女性群體中蔓延的氛圍，就是「從僵化的價值觀中解放，開始探索如何活出自己的人生」的趨勢。

二〇一七年二月發售的女性雜誌《an．an》（MAGAZINE HOUSE）封面是女子團體Perfume的三名成員。標題則是「女人的生存之道，總是一道難題。選擇妳的生存之道。」藉由三人組合的呈現，也傳達出有三個人就有三種生存之道的訊息。

副標題則列出「戀愛／結婚／生產／工作／轉職／創業」等六種人生大事，同時還加上「結婚的優點&缺點？」與「生產&育兒的選擇與規劃」等文案。

女性常常要面對人生大事。每一次都不得不站在分岔路上做選擇，卻不曉得哪一條路才是自己人生的正確解答。自這個時期起，從「適婚期」或「平安夜（在日文中含有二十四歲之前結婚之意）」等既定觀念中解放的氛圍逐漸擴散。雖然發展出「生存方式是個人自由」的概念，但也因為選擇更多而產生新的壓力。

女性的真實心聲是：「我該選擇什麼樣的人生？好想要一本指南書。」

【二〇一八年　Instagram 美照是存在的證明「想要感受到我的存在」】

前一年的二〇一七年末流行語大賞是「Instagram 美照」。其後，「美照」逐漸成為滲透二〇一八年與二〇一九年的女性趨勢行為。

延續前一年的趨勢，對於那些懷抱不安感或內心迷惘，不知道女性生存之道的正確選擇為何的女性而言，Instagram 的「讚」以一種相互認同的形式，成為證明彼此存在的力量。

即使不是知名藝人，也擁有數萬追蹤者、能夠一呼百應的「Instagrammer」如雨後春筍般浮現，並成為能夠影響消費的一群人。

這一年，在全世界都可以觀察到女性歧視等問題被大肆報導。在二〇一八年的流行語大賞中，「#MeToo（我也是）」也榜上有名。「#MeToo」是由女性發聲譴責性騷擾行為的跨國運動。美國《時代》新聞雜誌二〇一七年度風雲人物，連同照片一起介紹了發起「#MeToo」運動的全部六十一名女性，掀起熱議。

翌年一月，在第七十五屆金球獎頒獎典禮上，響應的女星也全數穿上黑禮服出席以表達支持之意。女性打破沉默，發聲展現自我的趨勢愈發強烈。世界各地的女性開始積極投入「獲得自我存在證明的活動」。

【二〇一九年　令和揭開序幕「我是我自己，踏實健美的選擇者」】

「妳買最新一期《FRaU》了嗎？」

在二〇一八年即將邁向尾聲之際，好幾個認識的人這樣問我。

《FRaU》是講談社發行的女性雜誌，報導題材五花八門，舉凡時尚、文化、生活風格都有涉獵。

二〇一九年一月號的標題是「SDGs：改變世界的第一步」，這應該是日本史上第一本向一般女性大眾大力強調「SDGs」一詞的女性雜誌了。聽說該雜誌在發售後也不斷再版，之後每年一月號都以SDGs為特輯主題，持續推出第二集、第三集。

女性開始從雜誌上學習世界的課題，進而從「自己該活成什麼樣子」的反思中改變消費行為。

近年來，選擇具備良知（符合道德的行為）或永續性意識的時裝、化妝品或生活方式的人，逐漸給人一種很時尚的印象。價值觀轉變成培養內在美而非外在的矯飾才是真材實料，身心健康且將地球或社會的未來納入行動考量就是最美麗的生存之道。

選擇者就是我。用自己的雙眼挑選出品質、美感兼具又有益健康的商品。為此，女性也更積極採取提升自我知識的行動。

【二〇二〇年　修復，要靠我們的雙手】

二〇二〇年的序幕是「修復，要靠我們的雙手」。

沒想到後來新冠病毒把世界搞得烏煙瘴氣，這個關鍵字彷彿在冥冥之中預見了未來。

正式的標題其實是：「修復，要靠我們的雙手。我要為了孩子們的明天採取行動。邁向未來意志的時代。」

二月舉辦了「永續品牌國際會議二〇二〇橫濱」。

日本市調公司 INTAGE 參考《FRaU》上介紹的「從今天起可以做到的一百件事」，列出四十五個行動清單，並向全日本十五至六十九歲的三千二百零六名男女進行調查（https://www.intage.co.jp/gallery/sustainability2/）。

根據結果將生活者的永續行為分成四類，再從永續行為意識高的人開始，分為 Super 層、High 層、Moderate 層以及 Low 層。上面的 Super 層與 High 層，男女比例都是四比六，女性的占比較高。

二〇二〇年七月，以二十幾歲女性為客群的女性時尚雜誌《ViVi》九月號（講談社），大篇幅地報導了ＳＤＧｓ特輯。他們起用吉本的新生代搞笑二人組 EXIT，配上新鮮的文字，編撰出令人讀起來心情愉悅的內容。其中將日行一善改成日行一

ＳＤＧｓ，將我們平時就能執行的行動按照三十天去規劃，構成一套30days方案。例如「days2：食物浪費很糟糕，快用解決ＡＰＰ」中，推薦了訂閱制ＡＰＰ「Reduce Go」，可外帶即將被丟棄的食品；還有餐廳預約網站「TABLECROSS」，可以捐款給與訂位人數相同數量的孩童等等。在「days6：隨時保持低電力模式，拜託拜託」中，則介紹低電力模式可以節省百分之二十到三十的電力消耗，還有刪除不需要的照片或ＡＰＰ也有效等。

他們用流行的口吻寫出年輕讀者也很容易理解的內容。這一期雜誌中也收錄了關於道德化妝品（對環境、人類、社會友善的化妝品）的專題。

ＳＤＧｓ再也不是特殊人士專用的高尚用語。在面臨新冠肺炎疫情擴散的二〇二〇年，《ViVi》特輯為二十幾歲的女性指引方向，帶領她們用自己的雙手掌握樂趣與永續性兼具的社會，並意識到採取相關行動的重要性。

【二〇二一年　從生活主導者轉變為刷新社會的主導者】

二〇二一年揭開序幕。

在度過誰也沒想像到的新冠肺炎疫情擴散，導致價值觀大幅改變的一年以後，迎來了二〇二一年。

短短一年內失去大量生命，經濟蕭條，全球化社會徹底改變，各國紛紛進入鎖國狀態。在這段期間內，女性的價值觀也被迫大幅改變。

從女性消費者調查中可以觀察到，女性在新冠肺炎疫情中對於身為「家庭衛生管理負責人」的自覺與行動。最終更演變為對他人的「體貼、照料、購物支援」等意識，並且逐漸定型。

再加上ＳＤＧｓ一詞的興起，焦點也逐漸轉向社會。

另一大主因，是社會進入數位原住民（Digital native）世代活躍的時期，民眾可以輕鬆運用群眾募資或網路完成捐款或支援。

「我的購物是為了讓人幸福」成了一件平常事。經常會聽到「既然要買的話」、「反正都是要買」等說法。

不僅是《FRaU》與《ViVi》等女性雜誌，《SPUR》（集英社）、《Hanako》（MAGAZINE HOUSE）等雜誌也陸續推出ＳＤＧｓ特輯，永續性一詞終於變得廣為人知。

在二〇二〇年秋天以後的女性訪談中，我們聽到了以下種種言論：「我要喝茶就用泡的，不用買的，現在都沒有在買寶特瓶飲料」、「我會把衣服拿去二手商店」、「我一直灌輸老公和孩子要有環保意識，現在他們終於開始行動了」，還有「我跟朋友相約一起加入撿垃圾的社團」等等。女性果然會在生活中掌握主導權，影響周圍的人群。

二〇二一年以後，女性想必會在日常生活中主導更多對社會有益的事。

【二〇二二年　面對不協調下的 UNLEARN（反學習）】

在遲遲未散的疫情焦慮中，如何在自己的心情與現實社會之間達成妥協，成了一件不容易的事。在此情況下，二〇二二年關注的關鍵字是「幸福（well-being）」與「素養（literacy）」。不僅是健康而已，心靈、身體與環境合為一體，大家開始思考「好好生活」、「幸福是什麼」。同時，許多人也開始意識到，自己對於與「幸福」有關的身體、心靈乃至身處的環境，實在太不關心，沒有從小建立觀念。因此，UNLEARN「反學習」一詞便橫空出世。

尤其在女性市場上，從國外開始流傳的女性科技（運用科技來解決各種女性健康相關的需求）一詞，在二〇二〇年、二〇二一年便時有所聞，二〇二二年更成為許多企業涉足的一大趨勢關鍵字，於是人們「面對自己身體」的意識高漲，投入以往被女性視為禁忌的範疇，有愈來愈多機會接觸到與女性健康有關的資訊，並進而提升這方面的素養。

於是便形成了這樣的風氣——「自己身體不舒服時，或許不需要忍耐也沒關係」、「生理期、婦女病、更年期等不適，或許也可以大聲說出來」、「這不是什麼需要感到羞恥的事」。

此外，人們意識到自己的人生只能靠自己創造，移居、重新整頓生活方式、重新審視副業或轉行等工作方式，或是對瑜伽、三溫暖、獨自旅行、神社佛寺、古蹟等作為覺察（自我面對、冥想等等）環境與場所的興趣大幅提升。面對造成人生困境的不協調感，種種試圖藉由反學習來開闢人生道路的行為更加顯而易見。

【二〇二三年　令人雀躍的真實體驗價值，重現記憶】

壓抑至今的行動開始痛快釋放。演唱會等真實現場的「熱血尖叫」，提供了線上無法滿足的價值。

基於薪水凍漲的現實，面對日幣貶值與物價高漲，人們雖有強烈的節流心理，但於此同時，如何享樂、如何炒熱氣氛等智慧或創意巧思也應運而生。

其中之一就是戶外活動市場與寵物市場的擴大。親近大自然、不花錢就能與親朋好友共享清新的空氣與美食。開著露營車或以小型、輕型汽車改造而成的車，帶著寵物一起進行車宿的玩法，從某種意義上來說，是既省錢又奢侈的時光。

新冠疫情期間因窩在家裡而迷上偶像等等的應援活動市場，在此時因購買門票、購買周邊商品、粉絲之間的交流活動、可以直接見到藝人的見面會等活動，迎來爆發性成長。按照女性的說法，應援活動能夠「為生活帶來滋潤」。

外國觀光客人潮也回來了，熱門動畫景點、能夠感受到日本傳統與四季風情的各地名勝遊客絡繹不絕。作為曾經的觀光大國，日本國內明顯進入了急起直追的時期。若從全球的角度來看，日本在年輕女性心中，已不再有過去那個「先進國日本」、「製造大國日本」的印象，反而是中國的時尚與美妝大受歡迎。

日本國內的人口急遽減少，市場不斷地在縮小，消費者口中價格便宜品質又好的

UNIQLO、百元商店、無印良品、DON DON DONKI等品牌，正在迅速擴張海外市場。在棒球、足球、滑冰、排球、籃球、舞蹈、音樂等各種體育文化中，年輕人展現出了世界頂尖的水準。這是個資訊會瞬間散播到全世界的時代，也是能夠感受到在生活型態上變得沒有國界的一年。

第二章

觀察女性相關資料的變化即可預見未來

從女性的變化資料預測未來的消費社會

女性的價值觀會隨著人生階段的不同而持續改變。其中身處在結婚、生產、育兒等人生大事階段的女性，由於日常生活受到很大的影響，因此價值觀也會不斷變化。

本書希望從資料中去解析，目前全體女性身處在什麼樣的狀況下，並且打算如何在該情況中生存下去。尤其若檢視歷年來的資料，應該可以從大方向上預測五到十年後的圖形會呈現向上還是向下的趨勢，或者是處於巔峰還是谷底。

此外，我們的軌道是由國家的政策所鋪設的。今後國家發展的重點應該會放在男女落差較大的數值，或與其他國家相比之下女性活躍程度較低的領域。只要掌握這兩個現狀，應該就能夠預測未來的國家動向。首先，我們來檢視一下實際的情形。

①觀察女性就業率的提升

——就業率超過百分之七十，為歷年最高。另外也要注意是正式雇用還是非正式雇用

我們可以注意一下女性就業率的提升。職業婦女增加表示時間的運用方式與購物方式會有所改變。

女性的就業率持續創下歷年新高。

此外，所有年齡層的就業率都在提升。這三十年來，女性開始能夠自由選擇自己的生活方式，因此不再像以前一樣有那麼多人會在同樣的年齡或階段結婚生子，並暫時離開職場。

還有另一項需要注意的資料，就是**正式雇用或非正式雇用**。

過去在談論女性市場時，會檢視家庭主婦與職業婦女的比例。家庭主婦與職業婦女的比例大約在二〇〇四到二〇〇八年之間逆轉。從此以後「職業婦女」就成了主流的詞彙。

女性就業率的變遷

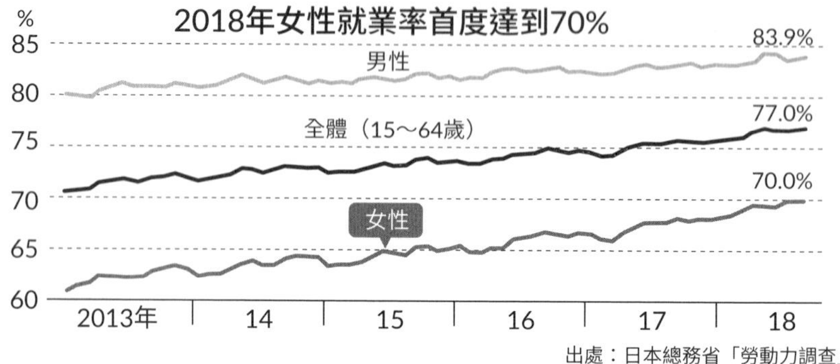

出處：日本總務省「勞動力調查」

女性在各年齡階段的勞動力參與率變遷

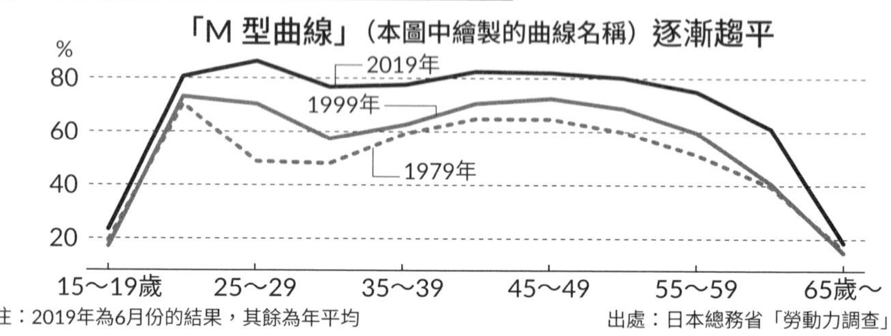

注：2019年為6月份的結果，其餘為年平均

出處：日本總務省「勞動力調查」

單薪家庭與雙薪家庭的變遷

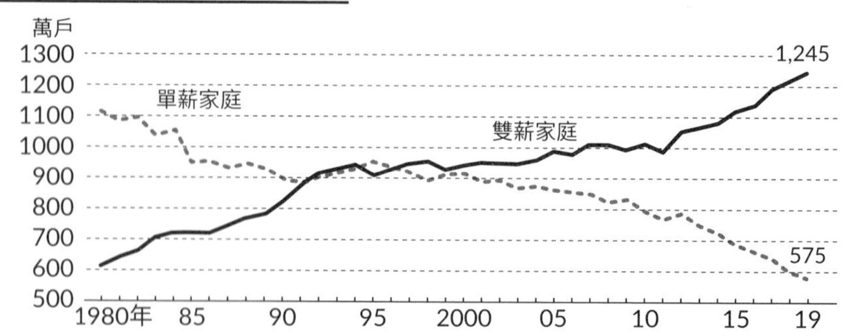

注：「單薪家庭」指的是丈夫為非農林業雇用者，妻子為非就業者（非勞動人口與完全失業者）的家庭。

注：「雙薪家庭」指的是夫妻皆為非農林業雇用者的家庭。

注：2013 年～ 2016 年是依據 2015 年人口普查基準的基準值人口時間序列用連續數值。

出處：日本厚生勞動省《厚生勞動白書》、內閣府《男女共同參畫白書》、總務省《勞動力調查特別調查》、總務省《勞動力調查（詳細統計）》

一般聽到就業率提升，往往會以為是正職員工，但女性就業率的提升是來自非正式雇用，也就是兼職或打工等領取時薪或日薪的就業者占多數。

這是很容易忽略掉的重要事項。

如今有半數以上的女性從事非正式雇用的工作，男性則是以正式雇用為大宗。換言之，與男性相較之下，女性處於較不穩定的立場。

三、四十歲正是要在工作上肩負起責任的忙碌時期，而從該年齡層非正職較多的數值來看，就可以知道兼顧就業與家事育兒的困難之處。

日本女性非正職員工面臨的嚴峻現實，在疫情期間浮上檯面。支撐著照護、保育、醫療、超市、便利商店、旅行、婚禮、觀光等領域運作的，是非正職的女性。她們因疫情而失業，從而衍生出窮困、絕望與自殺人數增加等情形。

不過今後預估正式雇用的比例會逐漸超過非正式雇用的比例。如此一來，日本的消費社會勢必會同步改變。

大部分女性都會減少花在家庭的時間，因此**與家人分工合作、利用代管服務、選用更有效率的家電或數位工具等情形，將會更加頻繁。**

【預測】

未來十年，男女都將面臨難以兼顧家事育兒與工作的沉重壓力。「男女雙方」加上社會共同支援家事育兒，會是今後的趨勢。其中，將焦點放在育兒期非正式女性職員面臨壓力的領域，並試圖為其解決問題的相關商品或服務，由於能夠解決所有育兒家庭共通的煩惱，因此需求和衍生效果應該都會很大。協助男性參與家事育兒的商品與服務也會日益蓬勃。十年後，男女性正職員工將會成為主要市場，國家也會著手解決非正職員工所面臨的生活窮困等課題。工作方式改革將成為下個時代的一大重點。

②出生數持續創下歷史新低

根據日本厚生勞動省公布的資料，二〇一九年日本國內出生人數為八十六萬五千二百三十四人，比前一年度大減百分之五點九二，比預期中提早兩年跌破九十萬人。不知各位是否有注意到，這個速度快到在三代以後，也就是到了孫子那一代，出生人數將會減少將近四分之一。此外，在本書執筆期間，更有新聞預估在新冠疫情的衝擊下，二〇二〇年出生數會比前一年減少百分之一點九，來到八十四萬七千人。一年間減少約兩萬人。少子化的進程很有可能比預期中提早十年。

人口的減少，包括自然減少在內約為五十一萬人。這個數字很接近目前鳥取縣的總人口數。也就是說，即使沒有疫情影響，也在一年之間消失了一個縣的人口。

二〇二〇年一月一日的日本人口為一億二千七百一十三萬人，二〇六五年估計約為八千八百零八萬人，**而且實際情況進展得比這個數字還快**。

今年出生的孩子到了二〇六五年才四十五歲，他們將來要背負起多沉重的負擔啊。我們必須嚴肅地思考自己的責任。

順帶一提，到明治時代初期為止，日本人口約為三千萬人，大約是現在的四分之一。孫子那一代正加速朝著明治時代的水平靠近，並且有可能比當時更低。此外，**女性結婚的年齡與生產第一胎的年齡也正逐年攀升**。

一九八〇年的男性平均初婚年齡為二十七點八歲，女性為二十五點二歲。二〇一八年分別變成三十一點一歲與二十九點四歲。隨著初婚年齡上升，生產第一胎的平均年齡

出生人數的變化

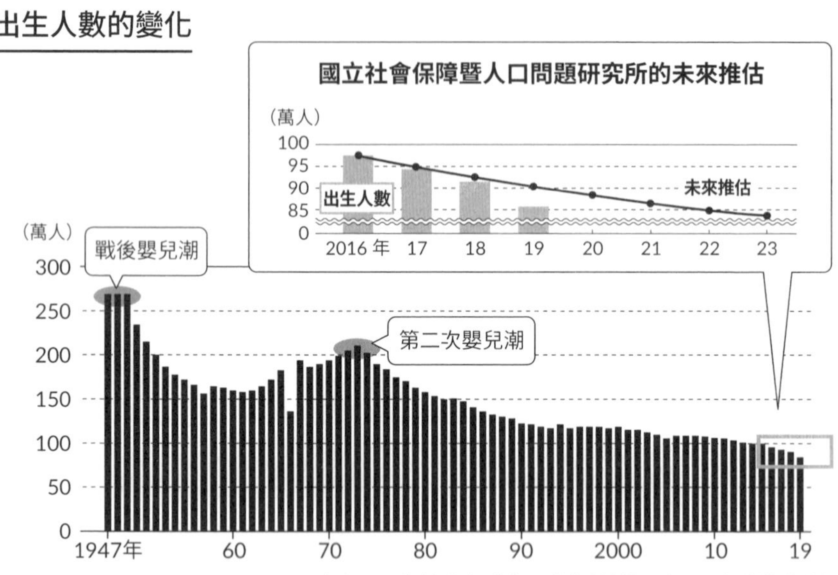

出處：厚生勞動省《人口動態統計》（2019年為推估值）

平均初婚年齡與母親生產年齡

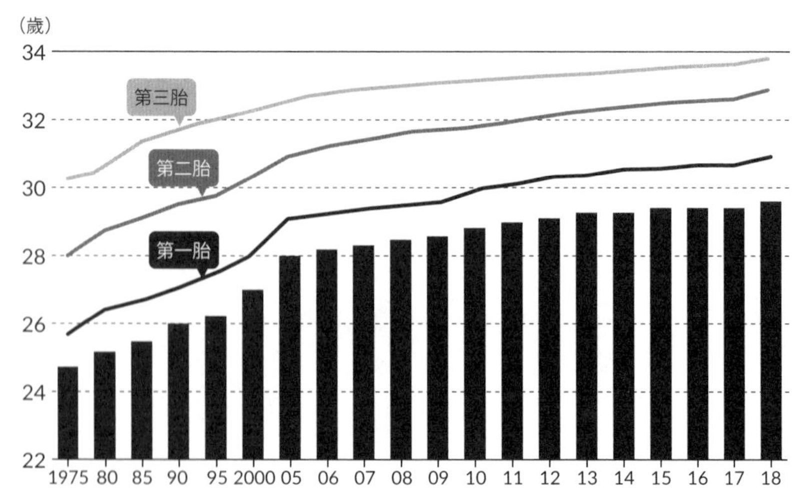

長條圖：平均初婚年齡
折線圖：母親生產年齡

出處：厚生勞動省《人口動態統計》

也上升。二〇一九年，生產第一胎的女性平均年齡為三十一歲，比一九八五年提高了五歲。

不過在檢視這些「平均」資料時，也有一些要注意的事情。雖然晚婚化的趨勢是事實，但城鄉之間其實存在著差距。從實際情形上來看，二〇一八年的資料顯示，二十八歲以前結婚的女性有百分之五十七點六，大約為六成；三十二歲前則達到約八成的百分之八十點三。此外，男性的資料也顯示現實上結婚的高峰期是二十七歲，因此如果光說「周遭人也都晚婚」，或許很容易使人產生嚴重的誤解。女性與男性不同，必須負責生產，因此對於黃金生育期的相關資訊很敏感。生產與結婚無法切割開來思考。

職業婦女的職涯規劃、生產時期以及婚期這三件大事存在著明顯的男女差異。在考量女性活躍政策時，如果忽略這三大觀點，不僅會加重女性的壓力，同時也很難阻止少子化的趨勢。

【預測】

未來十年，結婚年齡與生產年齡看起來會持續上升。生產年齡提高的話，直到子女成人為止，照料孩子的年齡層也會向後延。以三十歲初產來說，直到五十歲孩子才會成人。若考量到丈夫大多較為年長，那麼**夫妻的主要課題就會是如何活得健康長壽了**。增強體力、改善停經（更年期）後的身體不適等需求也會變高。

③全球性別落差排行榜

——日本第一百二十一名，在七大工業國組織（G7）中敬陪末座

主動關注世界經濟論壇每年公布的「性別落差指數」排行榜，是女性觀點行銷的重要指標。二〇二〇年，日本在七大工業國組織中敬陪末座，在一百五十三個國家中排行第一百二十一名，比前一年度的一百一十名更低。

假如這個數值開始攀升，預測女性的消費力將會更加提升，因此我認為未來應該要針對這個重要指標努力進行改善。

這是一個**將政治**、**經濟**、**教育**、**健康這四個領域數值化**的指標，可見日本女性在政治與經濟領域的活躍度有多低。

性別落差指數的低下，也牽涉到十七項SDGs目標中的第五項「實現性別平

等」，因此勢必會成為我們不得不關注的課題。

在新冠疫情的擴散下，女性領導者的活躍引起了關注。其中的代表性人物有紐西蘭前總理潔辛達・阿爾登（Jacinda Ardern），以及台灣總統蔡英文。這一波全球大流行，成為女性領導者與其領導力備受世界肯定的契機。

女性領導者的明顯特徵，就是會傳達出「每個人的生命都很重要」的訊息，並採取相關行動。

相對於此，美國前總統川普和巴西前總統波索納洛（Jair Bolsonaro）等人，則採取了輕視生命的訊息傳達與行動。非到緊要關頭不戴口罩的行為造成了國民的恐懼，尤其是家有孩童的母親和上有年邁雙親者，令人感到前所未有地不安。

媒體紛紛報導這種女性領導者與男性領導者之間的差異。

或許也有人把這視為極端的案例，但女性領導者高聲疾呼的領導力，看起來正符合全球正在努力追求的保護地球環境與消弭不平等等ＳＤＧｓ目標。而在「二〇二〇年度最佳演說」中脫穎而出的，是德國前總理梅克爾（Angela Merkel）的演說。她在疫情初期的三月十八日向國民發表的電視演說，獲得全球高度評價。這場演說最受肯定的就是其「共情能力」。

二十一世紀型的領導方式，是採取行動時必須考量到整體社會。厭倦以往作風強勢的破壞型領導者的年輕人，正在世界各地群起發聲。

建立日本第一個群眾募資服務平台 READYFOR 的米良遙香，當年還是二十四歲的研究生。而 READYFOR 也以解決社會課題的案件為大宗。

為了推進解決世界課題的腳步，必須推舉更多女性領導者上台。而從多樣性的觀點來看，女性在政治、經濟方面的低參與度，恐怕也會被視為一種管理能力低落的現象。

日本如欲成為受到各界承認的真正世界領導者，當務之急就是培育女性領導人。

【預測】

未來十年，女性領導者與管理階層會日益增加。我認為日本在性別落差排行上的名次十分令人羞愧。話雖如此，應該會有很多人為此展開行動以提升排名。女性創業家、經營者、董事、管理職等領導者肯定會愈來愈多。

不過，正因為日本是一個至今為止女性領導者極端稀少的國家，所以針對「經營事業的女性領導者」的行銷，幾乎是未開發之地，商品與服務非常稀少，日後肯定會是一個逐漸擴大的市場。

④觀察五十歲時未婚率的增加數

——二〇三〇年時，男性百分之二十七點六，女性百分之十八點八（推測值）

直到五十歲都從未結過婚的單身男女愈來愈多。

日本各年齡層未婚率（二〇一五年）呈現逐年上升的趨勢，其中三十五歲至三十九歲的男性為百分之三十五，三十五歲至三十九歲的女性為百分之二十三點九。直到五十歲都從未結過婚的人口比例（不包含與配偶離婚或喪偶者），在一九八五年以前無論男女皆未達百分之五，二〇一五年則提高到男性百分之二十三點四，女性百分之十四點一。

從日本國立社會保障暨人口問題研究所公布的二〇三〇年推估數字來看，男性將提高到百分之二十七點六，女性則為百分之十八點八。

以女性的情況來說，一旦學歷與地位提升，社會參與度與活躍度就會大增，對結婚與生產的關心程度降低，或無法積極採取行動等等，這些據說都是其中的主因。

終身未婚率的變化（含未來推估）

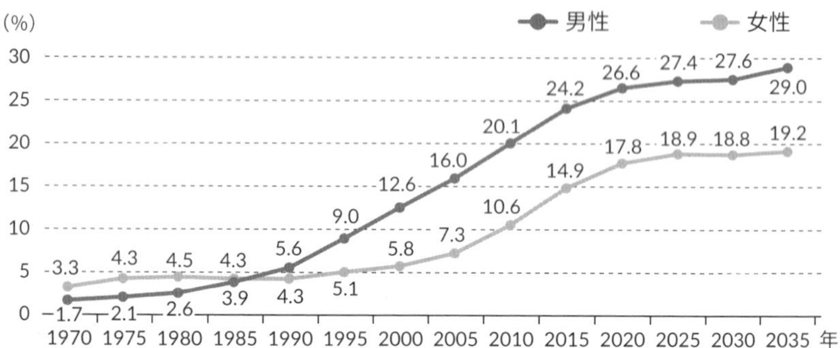

出處：日本國立社會保障暨人口問題研究所《人口統計資料集（2015年版）》、《日本家戶數的未來推估（全國推估2013年1月推估）》。2010年以前是根據《人口統計資料集（2015年版）》，2015年以後是根據《日本家戶數的未來推估》計算45～49歲未婚率與50～54歲未婚率的平均。
注：終身未婚率指的是在50歲以前從未進入婚姻者的比例。

各種家戶類型的家戶數變化（占整體家戶數比例的變化）

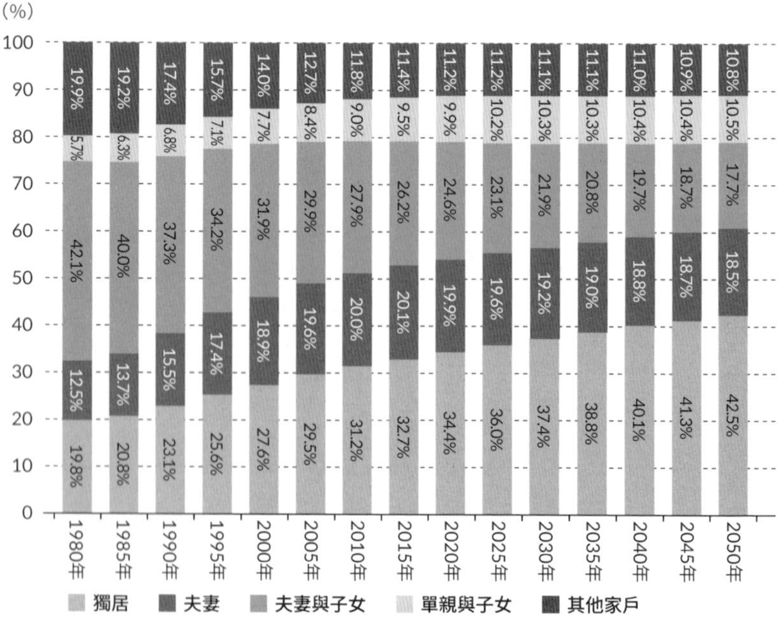

出處：日本國土交通省舉辦國土審議會與政策部會的試算及資料
注：2005年以前為人口普查所得之確定值，其後為納入社會情勢等考量後所得之推定值。

昭和時代的人在結婚前，鄰里之間都會有媒人幫忙說媒，但如今自行透過交友軟體也能夠輕易結識各式各樣的人。要認識不同類型的人雖然變得很容易，卻還是很難找到結婚對象。即使能夠輕易認識新對象，但要認真步上婚姻之路也不再那麼容易。在這種壓力之下，也有人乾脆放棄尋找對象。

「五十歲時未婚率」這項數據直到不久前為止，還稱作「終身未婚率」。換句話說，以前的男女若到五十歲還未婚的話，人們就會認為他們可能一輩子都不會結婚了。

如今採用「五十歲時」的說法，表示**今後將不再受限於年齡，在任何階段都有結婚的機會，也能夠再婚**。

在國外也有許多人採取不做婚姻登記的事實婚，或是共同養兒育女的同居伴侶形式。這種**不受結婚或家庭等既定觀念束縛的生活方式**勢必也會愈來愈普遍。

另外，也有愈來愈多女性不想結婚，只想要有小孩，例如花式滑冰運動員安藤美姬、歌手濱崎步等人，都是不結婚也未公開另一半身分的單親媽媽。

五十歲時未婚率的資料數據上升，似乎也與戀愛觀、婚姻觀、育兒觀的多樣化有所關聯。

【預測】

未來十年，所有家戶中的獨居家戶率會逐漸增加。二〇三〇年以後，獨居家戶將占所有家戶的四成左右。無論是哪個年齡層，獨居男女都會愈來愈多。以獨居為主題設計商品與服務時，若能掌握住廣泛年齡層的客群，應該會成為一個龐大的市場。

不過，若加以檢視全球性別落差指數排行前幾名的國家，會發現女性的社會參與度與出生率並不成比例。

若能參考克服少子化的北歐各國來執行國家應對政策，將有助於減少一人家戶，阻止少子化加劇。其中的重點就在於女性能否參與政治、經濟等領域的要職。未來十年要選擇什麼樣的路線？日本此刻正站在分岔路口。

⑤長壽國日本的消費者人生，將隨著平均壽命同步延長

平均壽命正隨著醫療技術的發展同步延長。

二〇一九年日本人的平均壽命分別為男性八十一點四一歲，女性八十七點四五歲。明治時代的平均壽命為男性四十二點三歲，女性四十四點三歲。若以明治時代的視角來看，壽命幾乎延長了兩倍之多。

在世界各地，壽命較長的都是女性。女性的消費者人生正持續創下史上最長的新紀錄。

此外，到了**二〇二五年**，日本將成為世界各國都不曾經歷過的「超高齡化社會」的已發展國家，屆時估計**每三人就有一人是六十五歲以上，二〇四〇年則會有三成人口都是八十五歲以上的高齡者**。

日本人的壽命在今後也將持續延長，據說二〇一九年出生的八十六萬名新生兒甚至能夠活到一百一十歲。

假設退休年齡跟現在一樣是六十五歲的話，剩餘的人生還有四十五年之久。

這麼長的歲月，也足夠另一批新生兒從零歲變成中高齡者了。

這樣一想，身為消費者的時間也會隨著壽命同步延長。未來在經營生意時，與其考量顧客人數，不如把重心放在考量如何與每一名顧客長久往來。

100歲以上的高齡人口與平均壽命的變化

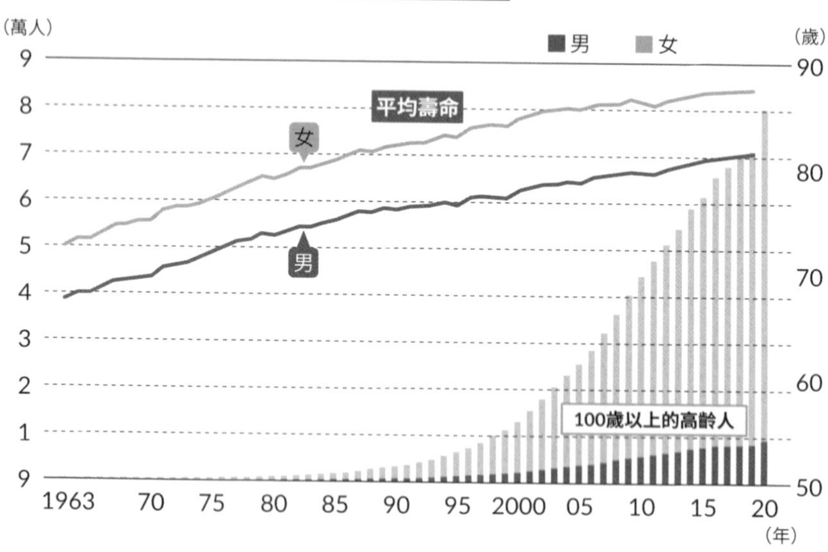

出處：厚生勞動省公布數據

【預測】

未來十年，平均壽命與健康壽命都會同步延長。二〇二〇年九月，一百歲以上的高齡人口比前一年度增加九千一百七十六人，並首度突破八萬人，來到八萬零四百五十人。一百歲以上的人口已經連續增加五十年。

日本是世界數一數二的長壽國，一百歲以上人口又由女性占壓倒性多數，達到全體的百分之八十八點二。即使以六十五歲為分界，也還有三十五年。不妨將女性漫長的消費者人生納入考量，思考如何長期維繫下去。

二〇二〇年是日本實施人口普查的第一百週年。相較於一百年前，人口多了兩倍以上，壽命也變成兩倍，明顯呈現高齡化的現象。

人口的減少會再一口氣下降許多，但壽命應該會隨著醫學的進步而繼續延長。如此一來，我認為不以數量掌握消費者，而是將重心擺在打造長期的關係，穩定提供顧客終身價值，才是日本國內行銷的唯一之路。

身處在人生中途點的四、五十歲女性，未來身為消費者的時間將會數以倍計。不過或許也因為以往的行銷比較偏向男性觀點，所以在行銷的傾向上，往往更著重於中年以下的女性。若從人口來考量，中年以上的女性市場顯然比年輕世代更大。未來十年，不僅要顧及中年以下的女性，能否擄獲更多中年以上女性的心，想必會是重要的關鍵。

第三章

女性是影響九成購物行為的消費領導者

女性決定八成的家庭消費，並對九成的家庭消費表達意見

女性的環境一旦改變，購物行為也會隨之改變。

而且根據敝公司的調查可知，其影響將決定八成的家庭消費，並牽涉到九成的家庭消費。

本章希望重新確認女性對於消費所造成的影響究竟有多大。**女性在所有情境下，都會為了自己或他人，撇除個人偏好去購買相關商品或服務**。其中的機制究竟如何運作？這就是本章探討的重點。

①女性消費者決定六成到八成的家庭消費。
②女性消費者會對高達九成的家庭消費表達意見。
③女性消費者會從女性交友圈獲取資訊，再分享給其他女性，擴大資訊的漩渦。

女性就是透過以上三件事推動、影響消費，並使其擴大。儼然是不折不扣的消費領導者。

在四十九項與家庭有關的消費財中，女性會對其中九成表達意見

各位有沒有聽過「八成的家庭消費掌握在女性手裡」這句話呢？敝公司也會定期調查家庭消費的決定權，雖然會依選項而異，但大致上有六到八成的家庭消費財，是由女性來做購買的決定。

在二〇一九年進行的「四十九項家庭相關消費財的影響者」調查中，出現了很有趣的結果。

首先，針對四十九項商品的購買主要是由丈夫或妻子哪一方來決定的提問，調查結果顯示由丈夫做決定的占百分之十四點三，由妻子做決定的占百分之六十三點三，

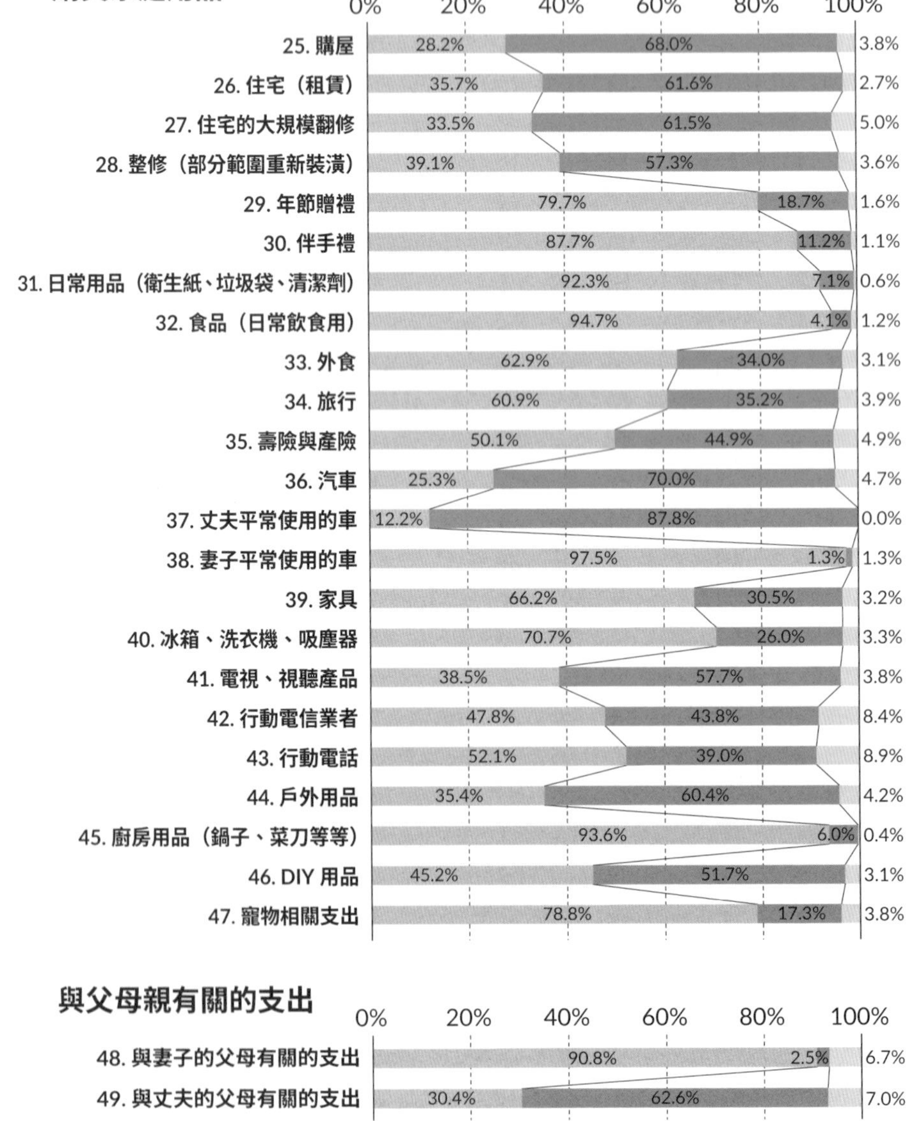

全日本25歲～60歲女性共500人（2019年 HERSTORY 調查）

家庭相關消費財問卷調查

購買丈夫的用品

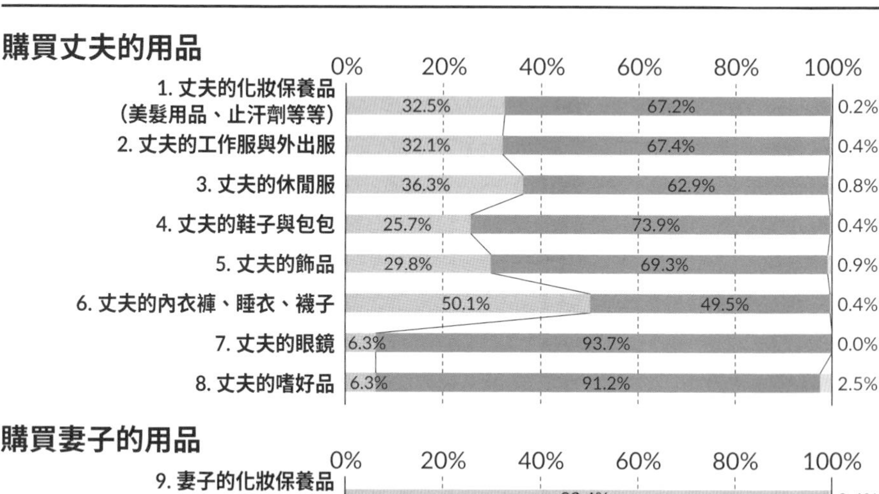

購買妻子的用品

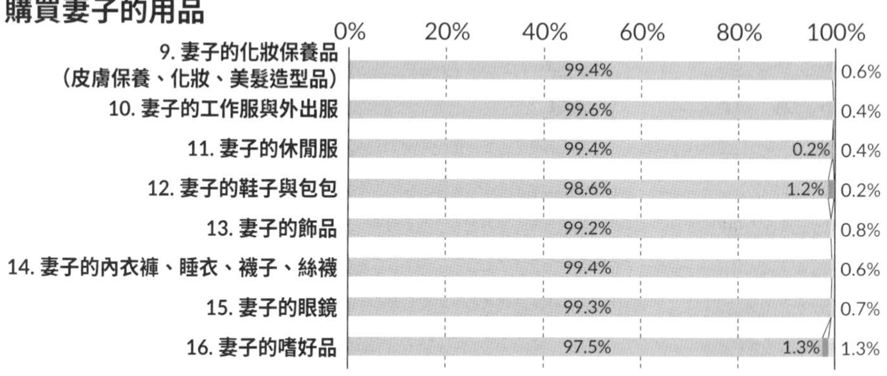

購買子女的用品

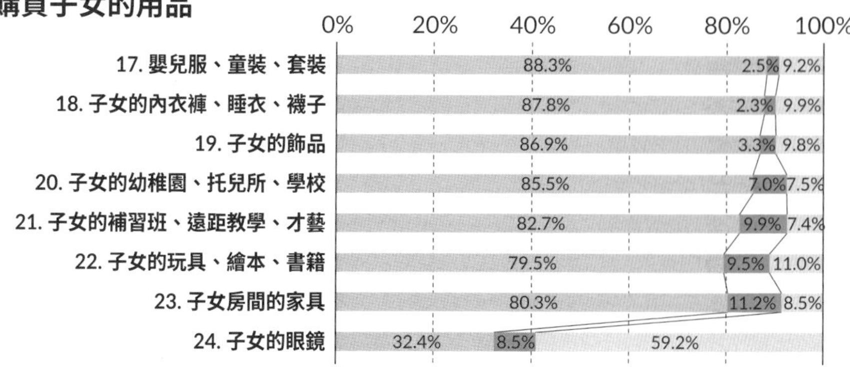

其餘則為夫妻各半。

其次，是否會對配偶購物表達意見或看法以影響其購物，對此回答會表達意見的，妻子為百分之八十九點九，丈夫為百分之五十九點一。

我們以前曾聽眼鏡行的女性員工提起，「有男性顧客在購買眼鏡後，被妻子或女兒嫌棄」，所以又來詢問能否更換鏡框。聽說其中還有和太太一起再次光臨的案例。

妻子對丈夫購物表達「合不合適」的看法，並要求更換商品的情形，在其他業界也時有所聞。

女性創造出「七種消費」

女性也會對身邊人們的購物表達意見，她們不僅能創造消費，更會使消費擴大。這就是女性觀點行銷的有趣之處。

結果顯示，女性不只會對丈夫的九成購物表達意見，包含子女的購物或買給父母親的東西，她們會參與身邊所有人的購物。

總而言之，女性是創造出七大類型消費的領導者。

①生活基礎型消費

②提升生活品質型消費

③雞婆型消費

④代理購買型消費

⑤交際應酬型消費

⑥口耳相傳型消費

⑦趨勢型消費

接下來就依序來說明。

①生活基礎型消費

生活必需品的管理監督者應該是女性吧。生活中必不可缺的衛生紙、面紙、垃圾袋等家中一切瑣碎卻又必備的東西，大多是由女性在進行庫存管理。此外，在緊急情況下，群眾會出於焦慮感而一窩蜂地囤貨，這種時候**女性的情報網也數一數二地迅速。女性之間的社群媒體聯絡網**隨時都在探查訊息。

在新冠病毒尚未對社會帶來巨大的恐慌時，有一次我剛好與一位大型批發零售經營企劃室的室長開會。期間室長接到太太打來的電話，交代他說：「之後衛生紙跟口罩會賣到缺貨，你趕快先從你店裡買一些回來。」於是會議結束後，他立刻趕去賣場。

看見這麼一位在零售業第一線工作的人，接到太太一通電話，指示他去買衛生紙與口罩，就老老實實聽話照辦的樣子，實在令我有些吃驚。連以販售商品為業的丈夫，獲取情報與聯絡的速度似乎都比不上妻子。

②提升生活品質型消費

女性**隨時都在思考如何改善日常生活的品質**。

因此女性特別喜歡與提升生活品質有關的資訊，例如食譜、生活小智慧、飲食法或健康資訊等等，布下天羅地網隨時攔截生活情報。

假設我們舉辦一場餐廳新商品試吃會。

在募集女性消費者的團體訪談中，幾乎一定會聽到的回饋就是「沒想到這個跟這個可以搭配在一起」、「出乎意料地好吃，今天晚上就來做做看」或「學到自己原本不曉得的方法，很有參考價值」。

女性總是以自己為標準，渴望得到能夠提升自我的資訊。

反之，**如果跟自己程度相同，讓人覺得「這種程度我也做得到」，那就沒有意義了**。也經常有人說：「剛才那種沙拉，只不過是在尋常食材上加一些水果而已，沒有什麼特別的新意。」

女性會以自己為標準，對於能夠提升自己當前生活品質的事情表現出興趣。

在X（舊名Twitter）上有超過一百六十萬跟隨者（二〇二〇年十二月統計）的「Ryuji@料理先生的話題食譜」[6]、「傳說家政婦TASSIN志麻」[7]等人，都是用一般家庭冰箱中的常見食材，考量家庭成員來製作料理，因為既親切又新鮮而爆紅。

在美容等方面也一樣，她們的目的不是想要買化妝品，而是「想讓自己變得更漂亮」。想要了解如何選擇、使用、塗抹粉底，才會讓肌膚看起來更美麗。就算廣告大力宣傳說是能讓肌膚變美的粉底，也不足以令她們滿意。女性在乎的是，如何使用那

6　原文名稱「リュウジ@料理のおにいさんバズレシピ」。
7　原文名稱「伝説の家政婦タサン志麻さん」。

項商品才能在自己身上得到最佳效果。

因此在美容方面，藝人的化妝技巧或知名 YouTuber 分享的技巧等資訊，遠比廠商提供的資訊更為具體、真實且有益。

YouTuber 介紹的商品因為有實際體驗的感覺、真實性高，所以更吸引人。

在提升生活品質型消費方面，如果有這種能夠回應女性「好還要更好」的上進心的「指導者」，效果會進一步強化。女性的消費會透過社群媒體愈來愈蓬勃。

③雞婆型消費

「雞婆」應該是適用於女性的形容詞吧。平常幾乎沒聽過人家說男性雞婆的。女性的雞婆形象大概就是別人明明沒開口要求，卻總是率先贈送、購買東西，或擅自提供協助等。

所有的這些「雞婆行為」，都可說是**平時就一直掛慮著自己以外的人，才會出現的行為**。

例如對獨自生活的兒女說：「我有寄米過去喔。」「我有放保暖內衣進去喔。」「有沒有好好吃飯？我有寄青菜過去喔。」等等。因為掛念子女的生活或身體狀況而寄送東西的這種消費行為，幾乎全都是來自母親吧。

好像沒聽過有哪個父親寄送冬天內衣給孩子的。

此外，每到旅遊旺季，就會在特急列車之類的地方遇到中高齡女性團體。她們會從如哆啦A夢口袋般的背包中陸續掏出東西來，七嘴八舌地說：「要不要吃橘子？」「我做了萩餅。」或是「有人送我很多好吃的醬菜，想說也帶一些來給妳。」

事實上，這些行為在二十幾歲或三十幾歲的女性身上也都看得到。諸如「我買了這個喔。」「妳喜歡這個吧？這個網站上有賣喔。」

「雞婆型消費」是每個年齡層的女性都很擅長的行為。

④代理購買型消費

相較於由丈夫代替妻子或子女購物的行為，由妻子代替丈夫或子女購物的比例占壓倒性多數。

我們曾與一家大型網購公司共同分析「誰才是真正的顧客」，結果發現會瀏覽男性時尚型錄購買商品的，幾乎都是妻子。相反的情況則幾近於零。

由此可知，即使丈夫會「自行購買個人的物品」，「購買妻子物品」的消費行為也非常罕見。

訪問80名已婚女性：
透過目錄銷售購物時，除了自己的東西以外，你還會購買誰的東西？

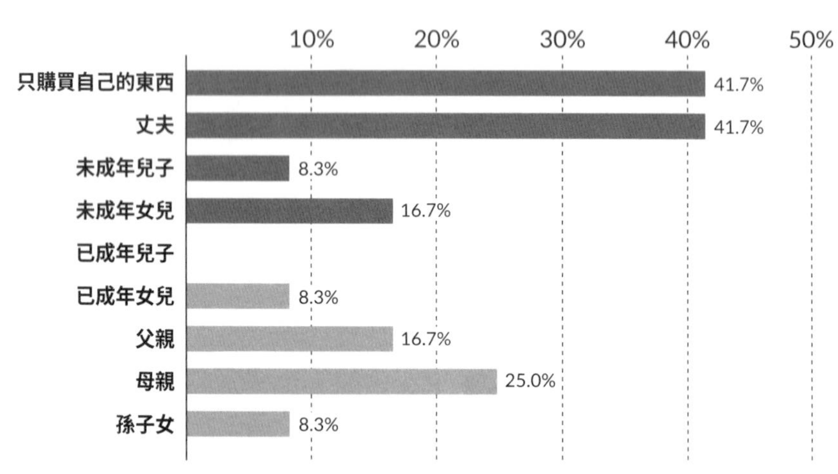

HERSTORY 調查（2019年）

子女的內褲或襪子、婆婆的生日禮物、職場後輩的結婚賀禮、調味料的補充包、防災用的常備食品、丈夫喜歡的啤酒等**這些大量的資料，全都儲存在妻子的腦海裡**。

比方說，在逛超市的時候，女性腦中不僅會想到今晚煮飯所需的「目的食材」，還會想到孩子的水壺或才藝班的事。一邊推著購物車瀏覽架上商品，一邊隨情境思索著：「有沒有忘掉什麼東西？」或「這星期沒空再過來一趟了，還有沒有其他要買的東西呢？」

一般都說**女性採「情境式購物」**，就是因為她們**購物時會像這樣連結到日常生活**。這也是大家都說女性購物很花時間的理由之一吧。

女性之所以一會兒「想順便逛逛那裡」，一會兒「也想看一下這裡」，是因為她們會去想像親朋好友。因此，只要打造出容易聯想到生活情境或他人的賣場，就會讓她們想到要購買的東西。不知不覺間，購買的品項就會變多，客單價也跟著提升。

⑤交際應酬型消費

女性經常會去經營與他人的關係，其中一項行為就是送簡單的禮物，例如伴手禮、小禮物等等。

伴手禮是帶去參加姊妹聚會、媽媽聚會、社團聚會等場合的禮物。小禮物是當職場同仁、朋友慶祝生日，或結婚等有喜事或好事發生等場合用的，即使不是正式的場合，她們也常會帶甜點等贈禮前往女性聚集的場合。

聽到禮物一詞，或許容易聯想到中元送禮、歲末年終、新年賀禮等大費周章的禮俗，但女性也會因為「久違地跟大學時代朋友聚會」等理由，就帶著裝有兩、三片餅乾並綁上緞帶的小小伴手禮袋出席。

偶像的粉絲同好之間也是如此。她們平常會透過社群媒體交流，在演唱會會場實際見面的時候，則會互相交換親手製作的偶像小物，或者是用可愛信紙、信封寫的信或卡片。

在訪談時也屢屢聽到受訪者說：「我會跟朋友交換禮物。」或「我隨時都在尋找有沒有什麼好東西可以帶去姊妹聚會當伴手禮。」等等。女性的交際應酬型消費很自然地根植在女性的生活中。

⑥口耳相傳型消費

女性會口耳相傳。我甚至認為**「女性本身就是行走的傳單」**，換種說法就是影響者，敝社也稱之為口碑播種者，亦即「散播話題種子的人」。

有一本暢銷書叫《為什麼男人不聽，女人不看地圖？》（亞倫・皮斯，芭芭拉・皮斯著／平安文化）[8]，書中提到女性一天下來的說話量，是男性的三倍。

對於喜歡分享資訊的女性而言，社群時代似乎提供了最佳的環境。

最簡單易懂的例子就是 Instagram。本來女性就喜歡漂亮的照片或圖畫，而就如同「美照」一詞的流行一樣，**拍下更華麗、鮮豔、心儀的物品或風景並分享出去，喜歡照片的人追蹤自己**，這樣的循環為女性之間搭起友誼的橋梁，並實現了大規模的社群化。Instagram 的使用者有六成以上都是女性。

過去（二〇一五年）我們曾委託成城大學經濟學院企業管理學系當時的神田範明

8 " Why Men Don't Listen and Women Can't Read Maps "，ISBN：978-1566491563

教授研究室，針對男女對購物資訊的關心與興趣差異進行比較調查。

有很多東西在男女之間並沒有太大的差異，而明顯不同的地方，在於女性經由口耳相傳所獲得的資訊。藉由調查可知，包含社群媒體在內，會接收他人分享的資訊並轉移到消費行為的，多數都是女性。在當時的調查中，女性不僅對口耳相傳或社群媒體高度關注，就連傳單或免費刊物，她們也抱持高度興趣。由此可以推論，女性會嘗試從各種管道獲取資訊。女性獲取資訊的方法五花八門，但總歸來說，就是在他人口耳相傳的影響下進行消費行為。

⑦趨勢型消費

最令女性感到興奮的購物就是趨勢型消費。

購買話題商品令人既開心又雀躍，其中**季節趨勢**更是每年都能享受到的例行循環。春天來臨時，換上春天風格的美甲；夏天來臨時，搭配透明包包等清涼小物；秋天來臨時，塗上充滿秋意的深色系唇膏；冬天來臨時，期待聖誕限定美妝組……能夠想像季節與色彩如何搭配的女性，每當季節變換之際，就會開心地變換全身上下穿著打扮的色系。

女性的趨勢型消費更厲害的一點是，她們會在此時說出「今年春天的粉紅色是透明粉紅色」、「是大人的粉紅色」或「是很少女的粉紅色」。其中絕妙的語感就在於**「當前的」**或**「今年的」**。

在某次與女性員工的對話中，對方說道：「那家公司的 Instagram 照片確實很漂亮沒錯，但八成是免費素材。感覺就是每年輪替著使用的照片。因為沒有今年的風格，看起來好像有點在偷懶的樣子。」

女性總是會察覺到「新意」，購買具有趨勢感的商品來提振心情。趨勢型消費不見得一定要是新商品，因此能不能夠在既有商品上搭配「今年流行的使用方式」、「當前流行的吃法」或「這個秋天流行的衣著風格」，或是加上一些用詞讓人產生新鮮感，這樣的編輯力很重要。

這麼說來，在二、三十歲女性的訪談中，經常聽到「搜尋就用 Instagram」的說法，理由是「會有最新的資訊」。Instagram 是掌握趨勢不可或缺的工具。

以上介紹的女性「七種消費」，各位覺得如何呢？

相信各位都能感受到女性與多少消費息息相關了。這些消費會互相影響，一名女性就可以影響眾多女性，創造出龐大的消費。

為了與某些人經營「關係」的八種消費行為

從前述的「七種消費」可以看出，對於女性而言，幾乎所有購物「都不僅是為了自己而已」。女性的消費行為可以說是為了與某些人經營「關係」而存在的。

關於「關係消費」，可以參考總是給予我們諸多關照的學習院大學經濟學院企業管理學系青木幸弘教授的研究計畫所出版的書籍《生命歷程行銷（暫譯）》（青木幸弘、女性生命歷程研究會著，日本經濟新聞出版）[9]裡面刊載的「關係消費」圖（千葉商科大學宮澤薰教授製作）。

我們以此圖為參考，依照個人體驗的觀點添加資訊，整理成「八種經營關係的消費行為模式」圖。此外，還針對男女各一百人進行「關係消費」的比較調查，看看女性是否真的高於男性。結果發現在八種類型中，皆是女性高於男性。

「關係消費」大致可分成五種消費主題與八種消費行為。

9 『ライフコース・マーケティング』，ISBN：978-4532314064

女性經營「關係」的八種基本消費模式

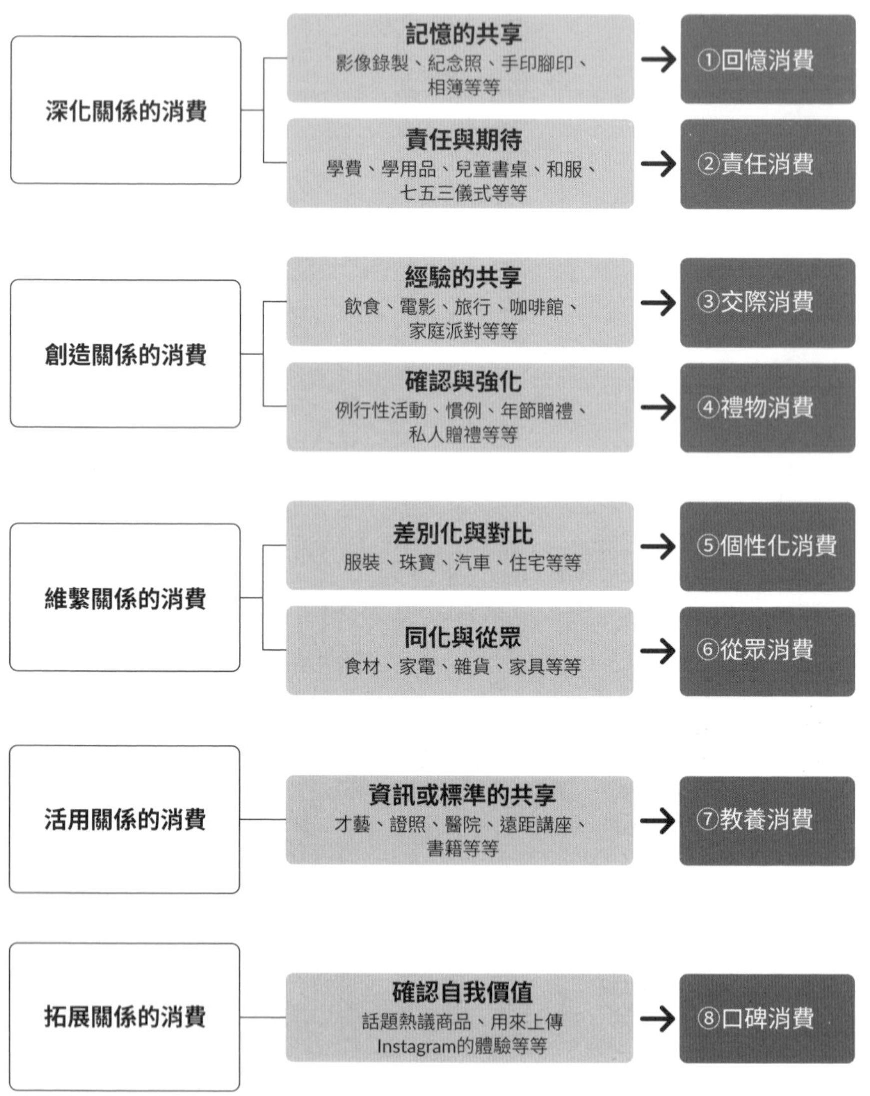

以千葉商科大學宮澤薰教授製作的資料為基礎，結合 HERSTORY 的研究調查編製而成。

對於經營關係的消費意識

〈「非常同意」＋「有點同意」（5等級中的前2等級）的合計〉

①**回憶消費** 會把錢使用在朋友或家人的照片或記錄上
②**責任消費** 會花錢在子女的教育費、才藝、社團活動上
②**責任消費** 會花錢在配偶（包含男女朋友）的健康或交際費上
③**交際消費** 餐飲、電影、旅行等花費，很多是與朋友或家人出門
④**禮物消費** 經常買禮物送給朋友或家人
④**禮物消費** 經常在旅遊地購買伴手禮
④**禮物消費** 與朋友碰面時，會準備一些小小心意
④**禮物消費** 如果有緞帶或包裝的話，容易興起買來送人的念頭
④**禮物消費** 曾因為廣告文宣上寫著「○○紀念日」或「送給○○的禮物」而興起想買的念頭
⑤**個性化消費** 想要盡量使用與別人不同的商品
⑥**從眾消費** 會購買喜歡的藝人或名人穿戴的商品
⑥**從眾消費** 會想購買與朋友或家人同款的衣服或雜貨
⑦**教養消費** 會花錢在（自己的）才藝上
⑧**口碑消費** 會想把好的商品或體驗介紹給別人知道
⑧**口碑消費** 曾把流行趨勢當作聊天的題材

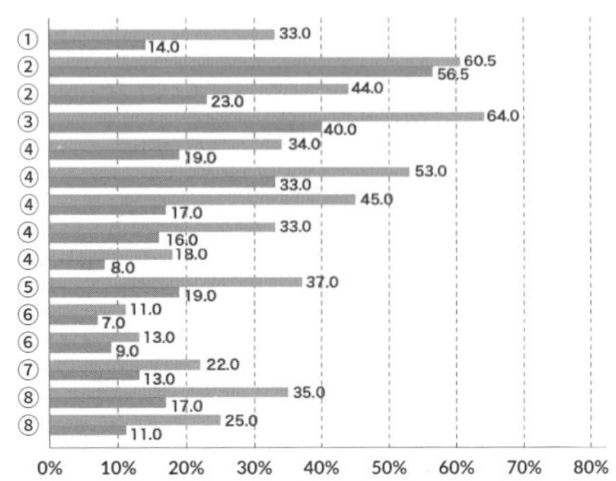

■ 女性　n=100
■ 男性　n=100

HERSTORY 調查
圖表：HERSTORY 編製

1. 深化關係的消費
①回憶消費
②責任消費

2. 創造關係的消費
③交際消費
④禮物消費

3. 維繫關係的消費
⑤個性化消費
⑥從眾消費

4. 活用關係的消費
⑦教養消費

5. 拓展關係的消費
⑧口碑消費

相信從這些調查中就能知道，女性的購物有多麼著重於與周圍的人群經營關係。

而女性之所以會占有六到八成的購買決定權，也可以說是因為女性在日常生活中，總是在為了維繫這些人際關係而購物。

無獨有偶，在本書〈前言〉提及的美國高盛二〇一四年發表的〈Giving Credit Where It Is Due〉中，也得到了幾乎相同的結果。

也就是說，女性會為了家人或子女等身邊親近的對象，將大多收入花在教育、健康照護、營養保健等領域。

由此可以清楚知道，這並不是「丈夫的內褲由妻子添購」或「子女的學用品多由母親負責購買」等單純的代理購買行為而已。

女性平常進了賣場就是會突然靈光一閃，想到「啊，買這個送女兒好了」，或是「啊，這個剛好適合傍晚帶去親子聚會分給大家」。如果能在店面或網站上提供容易讓女性靈光一閃的主意，營業額應該會有所成長。

女性會進行通過儀式、冠婚喪祭、例行活動等「里程碑消費」

女性在日常生活中，動不動就會為了維繫「關係」而奔走。每次的**「里程碑消費」**就是她們奔走的時機。具體分析下來，大致可分成三種場合。

這在學習院大學青木幸弘教授與女性生命歷程研究會共著的《生命歷程行銷》一書中，也有詳細的介紹。

該書是極少數有解析女性生命歷程與行銷關聯的書籍，也是我心中的聖經。非常推薦渴望深入學習的讀者一讀。

①通過儀式

諸如七五三、入學典禮、畢業典禮、升職或轉職、六十大壽等，通過儀式是指人類在成長過程中賦予下個階段全新意義的儀式，也稱作傳承儀式。

②冠婚喪祭

泛指冠（成年禮）、婚（婚禮）、喪（葬禮）、祭（法事）等，人類從出生到死亡，乃至身後舉辦的儀式在內，所有家族性的集會。

③例行活動

新年、節分[10]、女兒節、七夕、盂蘭盆節、聖誕節等每年特定時期舉辦的例行活動的統稱。狹義上指的是傳統行事，尤其是宮廷中的例行活動；廣義上則包含個人活動到全國性、全球性的活動。

例如在販賣「珍珠項鍊」時，如果只是像傳單一樣照本宣科地介紹它是「品質有保證的珍珠，價格很實惠」，會很容易讓人覺得：「但是可以穿戴的場合不多，或許不值得那個價錢。」不過若能出示在「女兒畢業典禮（通過儀式）」、「喪禮（冠婚喪祭）」、「結婚紀念日（例行活動）」這三個場合穿戴的情境畫面，就會讓人覺得：「啊，這種時候可以穿戴，那種時候也可以穿戴，確實很實用。如果可以用在這麼多地方，那還滿划算的。」

面對女性顧客時，主打「價格便宜」雖然也是一種方法，但**若能讓對方看見在多種場合都可以派上用場的畫面，比較能讓人感到「划算」**。多種場合都能使用是非常

10　指立春、立夏、立秋、立冬的前一天。

對於人生大事的意識

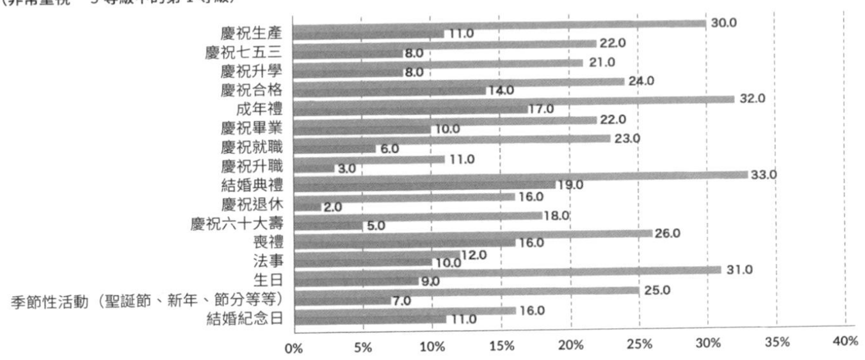

■ 女性　n=100
■ 男性　n=100

HERSTORY 調查
圖表：HERSTORY 編製

划得來的一件事。

每個例行活動都是重要的社交場合。一方面會覺得「很麻煩、很辛苦」，另一方面又不想被人指指點點說自己偷懶，所以還是「多少」必須運用一些小聰明。

在女性的「里程碑消費」方面，也記錄了男女各一百人的比較調查結果。這個部分的所有項目也是女性比男性具備更高度的意識。

由此可知，對於入學典禮、畢業典禮、結婚賀禮、生產賀禮等各種里程碑的例行活動，具備強烈意識的很明顯都是女性。女性會意識到一整年中的許多里程碑例行活動，並採取相應的消費行為。

女性觀點會透過「女緣」讓熱潮或流行不斷循環

認識「七種消費」、「八種經營關係的消費行為模式」以及「里程碑消費」後，相信各位讀者已經充分感受到女性的消費行為是多麼地複雜多樣。

對於這些消費行為帶來莫大影響的就是「女緣」，意即女性之間的緣分。

女性在思考「這種時候該買什麼才好」的時候，會尋求同為女性經驗者的建議。所以對女性來說，橫向連結的機制非常重要。

「女緣」緊密且廣泛地存在於每位女性的日常生活中，且數量與年齡成正比。因為無論自己喜不喜歡，女性都必須在生活中或地區上締結關係，才能夠生活下去。

其中**「母女」**的關係特別強韌，最容易影響消費。**調查女性的暢銷商品，會發現大概每過二十五到三十年，就會重新流行起以前的暢銷商品。**

我們認為這與女性的生產年齡深刻相關。假設女性在二十五到三十歲生產，當女兒十五歲時，母親是四十歲到四十五歲。

再上去一輪則是六十五歲到七十歲，甚至三代互相影響的情況也不少見。

若要舉一個近年的例子，就屬珍珠奶茶熱潮了吧。二〇一九年日本餐飲指南「咕嘟媽咪總研」的「年度美食」第一名是「珍珠奶茶」，二〇二〇年是「外帶美食」。珍珠奶茶第一次掀起熱潮是一九九二年前後。女性前往台灣等海外國家旅遊時，接收到新鮮的甜點刺激。不僅是珍珠奶茶，像義式奶凍、提拉米蘇等等，也在同一期間蔚為流行。

經過約三十年以後，這次在「社群媒體美照」的推波助瀾下，珍珠奶茶再次掀起一波熱潮。

不僅是甜點或食物，時尚、美妝、髮型等過去流行過的風格，都會像這樣以進化版之姿再次捲土重來。

母親在高中、大學時期熱愛過的東西，能跟女兒一起交流分享，是很有影響力的事。而且如今很容易就能在網路上接觸到往日的影像或音樂，所以更容易帶動熱潮。

舉例而言，富士軟片的「即可拍」這款傻瓜相機發售於一九八六年，於二〇〇一年到達巔峰，後來隨著智慧型手機的普及，銷售量逐年遞減。不過近年來，因為可以拍出具有復古感的照片，或是一定要等到成像以後才能知道拍成什麼樣子的期待感，讓這款相機再次成為女高中生之間的熱門爆紅商品。

對於母親來說，它是回憶中帶去畢業旅行的工具；對女兒來說，則變成了感受懷舊風情的潮流小物之一。

此外，動畫《美少女戰士》也再度掀起熱潮。《美少女戰士》是一九九二年到一九九七年在少女漫畫雜誌《Nakayoshi》（講談社）上連載的漫畫。二十五週年時重新發售多款周邊商品，後來也持續販售中，不僅吸引到當年很熟悉美少女戰士的四十幾歲女性，連原先不熟悉的女兒世代，也在母親影響下成為粉絲，開始收集周邊商品、翻閱漫畫，甚至前往欣賞舞台表演或電影。

資生堂的彩妝品牌 MAQuillAGE 與美少女戰士聯名推出的限定設計商品，剛開放預購訂單就蜂擁而至一事也蔚為話題。

每次訪問女性消費者，都會聽到「媽媽推薦」、「因為媽媽有在使用」、「和媽媽一起」、「和女兒」或「給女兒」等說法，無論哪個年代、哪個年齡層都不例外，可見母女之間的「血緣」是「女緣」之中最強的情報團體。

最近也有愈來愈多可供母女一起使用的肥皂或洗髮精品牌問世。

看在女兒眼裡，會覺得是「有點成熟的、和媽媽一樣的香味」；在媽媽看來則是「孩子也能使用的商品，對肌膚跟環境都友善，而且也不會製造太多垃圾」，在這些有機或永續性觀點的助長下，女兒與媽媽共用的商品也創造出一波小小的熱潮。母女都愛用的商品容易成為長銷商品。這麼說來，牛乳石鹼皂「COW BRAND 紅盒」一直受到根深蒂固的支持。「#紅盒女子」是二〇一八年該公司為紀念發售九十週年所展開的活動，而粉絲之間透過「#紅盒女子友」互相串聯等活動更是歷久不衰。從母親到女兒，再從女兒到朋友，一代傳一代的人氣品牌背後，很多都是始於親子的回憶。

五種「女緣」

——血緣、地緣、職緣、友緣、交緣

女性在生活中擁有好幾個「女緣」團體。

每個團體關心的話題都不一樣，資訊交流的內容會依地點、時間與對象而改變。

每一位女性的「女緣」，都會隨著年齡的增長而逐漸擴大規模。

女緣團體大致上可以分成以下五種：

①血緣

家人、親戚、血緣關係，其中常見的有母親、女兒、祖母、姑姑、婆婆、阿姨等「女緣」。

從孩子的成長時期到母親的照護時期，姑且不論好壞，「血緣」都是很強韌的。從母親的家常菜作法、自家的習俗等傳承，到時尚、偶像、美容、商品、人氣咖啡館或麵包店等，所有資訊都會互相交流的女緣，就是「血緣」。

②地緣

地方的緣分。以居住地或學區為中心連結在一起的緣分。通常會透過傳統的地方祭典活動、學校例行活動、親子會、社區自治會、親師活動義賣會或幹部活動、兒童館監護人會、公寓大廈社區會議等場合認識。「地緣」後續也有可能發展出「友緣」，但在心理上並不會深入交流，這種關係就是「地緣」。

③職緣

經由職場或工作結識的緣分。女性前輩、後輩、同事、客戶等透過工作認識的女緣，對女性來說是談論未來工作與家庭如何兼顧，或商量職涯規劃相關煩惱的絕佳對象，其中也會有自己想效法的榜樣。利用午餐時間或姊妹聚會等場合，天南地北地從戀愛話題聊到職場八卦的女緣，就是「職緣」。

④友緣

學生時期的朋友、童年玩伴、因興趣相同而認識的朋友、透過孩子認識的「媽媽友」[11]（托兒所、幼稚園、國小、國中、高中）等等關係親近、聊得來的朋友。大多都是長期往來的關係。如果是子女已經長大成人的年紀，經常會有一年一次相約去溫泉旅行，或每月一次定期舉辦餐會等行為，這種女緣就是「友緣」。

⑤交緣

有共同關心的主題而互相交流資訊的緣分，例如同好會的成員、社會活動的志工等來自社群或社團的緣分。此外，也包含偶像的粉絲在網路上交流的緣分。雖然多年沒有見面，但靠著社群媒體連結在一起，有什麼事情就可以馬上取得聯絡的緣分等等，這種以交流為目的的女緣即為「交緣」。

11　透過孩子認識的母親之間的朋友關係。

「女緣」的五種緣分

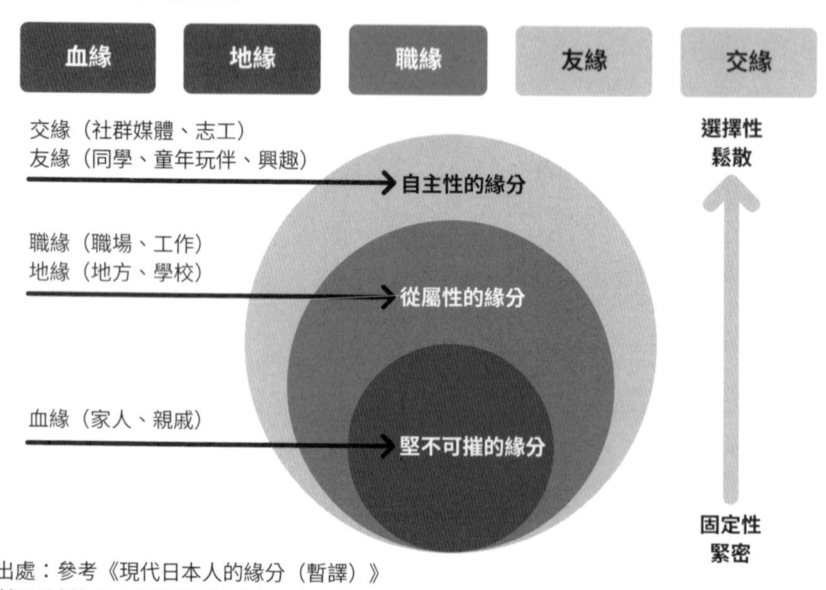

出處：參考《現代日本人的緣分（暫譯）》
（龜岡誠著 日本經濟新聞出版），由 HERSTORY 編製而成。

本章講述了女性是多麼不可忽視的消費領導者。女性——

- 會對九成的家庭消費表達意見
- 創造出「七種消費」
- 會採取八種經營「關係」的消費模式
- 會進行「里程碑消費」
- 擁有「五種女緣」

女性是很驚人的消費領導者，隨時都保持著與他人「共（一起）」的意識採取行動。

第四章 女性觀點行銷的商業模式案例

女性觀點行銷的成功關鍵在於「共」

女性觀點行銷的成功關鍵，可說是在於**與女性顧客之間的關係建立**。

女性是靠著與人、而非與物之間的聯繫在過活的。購物的時候也是，她們經常一邊在腦中想像著某個人、思考著某個人使用的畫面、渴望看見某個人喜悅的神情，一邊精挑細選。

如何才能算是「女性觀點行銷的成功典範」？我們找到一篇值得參考的文章，想介紹給各位。

根據《女性市場攻略法（暫譯）》（三菱綜合研究所編著／日本經濟新聞出版）[12]中刊載的「女性市場相關企業問卷調查」，女性行銷成功的企業**都有一項特徵，就是實踐「由獨立的監督組織收集資訊」**一事。

另一方面，書中也提到，若將成功與女性顧客溝通的企業與失敗的企業相比，會發現兩者之間的差異在於「透過女性顧客可以參加的活動進行交流」、「女性會員的

12 『女性市場攻略法』，ISBN：978-4532915629

組織化」，以及「設置網站，與網際網路上的女性顧客或潛在的女性顧客進行對話與交流」，可見締結與女性之間的長期接觸點似乎是關鍵所在。

正如這份報告所述，女性觀點行銷的成功**在於長期與女性顧客為伍，並持續擁有接觸點**。

因此，女性觀點行銷往往會鼓勵大家在推進所有行銷流程的時候，都要隨時留意是否與女性消費者「共」存。

女性觀點行銷流程的「共」，大致可拆解為六個過程。

▽必須融入女性觀點行銷流程中的「六個共」

①「共情」傾聽女性的聲音，「共情」讓人發現新市場

②「共鳴」女性會對品牌故事與女主角產生「共鳴」

③「共創」女性會受到傳達商品魅力的「共創」所感動

④「共事」女性希望透過「共事」的互相扶持，對他人有所貢獻

⑤「共育」女性粉絲與企業透過社群「共育」

⑥「共生」女性會以生活領導者身分關注永續性

我們希望從這「六個共」的角度出發，讓各位閱讀我們實際採訪的企業案例。相信能幫助各位更理解其中的運作機制。

①「共情」——傾聽女性的聲音，「共情」讓人發現新市場——WORKMAN

女性只有對於切身相關的事情，才能產生「共情」。企業應該建立起隨時傾聽女性意見的體制。這能讓人發現新觀點與過去沒注意到的市場。

如今備受矚目的 WORKMAN 是一個販售工作服的品牌，看似與女性消費者八竿子打不著，卻受到女性消費者的支持，在事業急速成長的過程中，據說他們的強項是有著「傾聽顧客聲音」的文化。

不僅是傾聽而已，據說他們還會透過宣傳活動，讓社群媒體上的網紅成為自己的夥伴，目標是在未來某一天讓宣傳費歸零。

這種持續與顧客「共同」建立「共情」的姿態，值得我們繼續效法並關注。

案例

納入女性觀點增加營收！開發新顧客的關鍵是「異常值」、「聲音」與「女性員工」

WORKMAN（株式會社 WORKMAN 營業企劃部兼公關宣傳部　林知幸）

【企業資訊】

株式會社 WORKMAN（東京都） https://www.workman.co.jp/

事業內容：販售工作服或作業配件用品、戶外用品、運動服飾等專業工作用服裝的品牌。全日本連鎖式經營，目前有八百八十八家門市（截至二〇二〇年十月為止）。企劃、生產、販售具備高機能性的低價格商品。

全連鎖店營收（門市營收總計）：一千二百二十億四千四百萬日圓（二〇一九年四月至二〇二〇年三月）

創立：一九七九年十一月三十日（以株式會社WORKMAN名義設立是在一九八二年八月十九日）

從微小的「異常值」中發現意想不到的需求

在一個涼爽的晴朗秋日，我們來到誕生於神奈川縣橫濱市櫻木町站前的「#WORKMAN女子」一號店。這家以戶外用品、雨具、運動服飾為主軸的新門市，完全沒有陳列任何WORKMAN獨家設計的工作服或作業用品，而且在全日本八百八十八家連鎖店面（工作服專賣店「WORKMAN」六百六十二家／大眾適用兼工作服專賣店「WORKMAN Plus」二百二十六家）中，擁有數一數二大的賣場面積。

在今年迎來創立第四十一年的WORKMAN，向來都以「以低價格提供高機能、高品質的商品」為目標，從成立以來始終保持一貫信念，製造販賣各種專業用的防護衣、雨衣、連身服、工作服、安全鞋等體力勞動相關用品。約三百名員工中，男性員工占三分之二以上，無論在客群或企業風氣方面，幾乎都與女性沒有太大的關聯。

然而某篇在社群媒體上的投稿，卻讓WORKMAN的商品在一夕之間受到女性熱烈關注。

「一款名為『耐用防滑鞋』的廚房用鞋，在梅雨季時突然銷量增加。詢問門市員工才知道，購買那款鞋的客群是年輕女性。」營業企劃部兼公關宣傳部的林知幸如此回顧道。

在進一步調查之下，他們找到了推薦大家把這款鞋拿來當孕婦鞋的社群媒體貼文。

許多孕婦或抱著嬰兒的女性紛紛造訪門市，據說就是因為這篇貼文。「因為對於防滑鞋的機能性產生共情，所以才會有我們原先意想不到的客人上門購買。於是一個想法閃過腦海，我心想說不定 WORKMAN 的工作服或鞋子，對一般客人來說是很有吸引力的商品。」林知幸繼續說道。

若光靠男性工作服的市場，「一千家門市、一千億日圓」的營收大概就是極限了，他們原先也對此感到擔憂。就在這時候，無意間發現的梅雨季「異常值」，成了挖掘出潛在新客群的徵兆。

其後，光顧 WORKMAN 的女性和一般顧客也持續增加，林知幸的直覺逐漸轉變為篤定。二〇一八年，WORKMAN 針對一般大眾規劃的新型態店鋪，販售各種戶外用品與運動服飾等的「WORKMAN Plus」在 LaLaport 立川立飛盛大開幕。又過了兩年，以女性為主體的「# WORKMAN 女子」第一次正式登場。

對於從男性市場大幅轉換方向的創舉，林知幸笑道：「是顧客率先發現並使用我們的商品，而我們只是在後面追趕而已。」

透過品牌大使制度傾聽「聲音」

隨著「WORKMAN Plus」門市愈來愈多，公司也陸續錄用更多的女性員工，但他們原先對於女性服飾的開發並沒有那麼充分的技術。這時，一群特別錄用的三十名官方品牌大使，就成了商品開發的可靠夥伴。

包含部落客、YouTuber、Instagram 網紅在內的品牌大使，並不是由公開招募來決定的，而是由公司瀏覽他們的投稿來判斷。與追蹤者數的多寡無關，只要能感受到對商品的熱愛，公司就會直接私訊那些使用者，提出合作邀約。

在將近三十名品牌大使中，大約有二十名是女性，大家對於該公司的女性商品都表現出很強烈的熱情，想要從頭開始學習。

「他們親自蒞臨總公司與商品企劃對談，告訴我們可以改善之處。其實這個制度完全沒有牽涉到金錢的往來。取而代之的是，我們會提供一些幫助，像是在店面陳列與他們相關的商品，或讓他們在自己的社群平台上直播活動內容，增加粉絲數。」

正因為有這種雙贏的關係存在，那些品牌大使才能毫無顧忌地提供意見回饋，讓 WORKMAN 將那些寶貴的「聲音」徹底活用在新商品上。

經撥水加工的洋裝或裙子、有很多口袋的上衣等等，這些反映真實意見製作出來的服裝，實際上很受消費者歡迎。

還有一件與該公司轉換方向有關的趣事。在這次新推出的「# WORKMAN 女子」店內，總共打造了四處「Instagram／影片打卡點」。

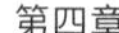

「# WORKMAN 女子」的門市。

Instagram 打卡點。

一開始參與企劃的是營業企劃部的男性員工，但缺乏女性觀點的提案內容遭到女性員工嚴厲批評。在企劃團隊全部撤換以後，變成由女性員工主導，陸續提出設計「吉祥物」、「製作有小臉效果的道具」等想法。最後，設計出了一系列與女性導向門市風格相符的精彩打卡點。

時代從重視時尚性演變為重視機能性

WORKMAN 僅憑社群媒體上的一篇文章，就意外獲得眾多女性粉絲，其背後隱約可見的是女性趨勢的變化。當女性接二連三地從追求時髦轉換為機能性時尚、從高跟鞋替換成休閒運動鞋之際，大家對於該公司的期待也就愈來愈高。

當然，林知幸也沒有忽略這一點。「我們在思考的是，與其他公司產品相比時，WORKMAN 獨有的機能性服飾，究竟能在市場上走得多遠。未來的營收關鍵在於女性顧客。如果不能像這次展店的『# WORKMAN 女子』一樣瞄準女性市場，我認為總有一天將再次面臨極限。」

林知幸指出，尤其是在經過這一波新冠肺炎疫情以後，逐漸出現全新的趨勢，也就是在避開三密[13]的同時，與家人外出的機會也增加了。

「預計未來拓店都會採取『WORKMAN Plus』與『# WORKMAN 女子』的店鋪

13　日本政府在疫情期間推出的防疫標語，呼籲民眾避開「密閉空間」、「人群密集」、「密切接觸」。

型態。藉由區分目標客群來減輕各店的擁擠程度，致力於讓有需要的人在有需要的時候可以順暢地購物。」林知幸表示。

該公司在急速擴大展店之餘，也勤懇地推行著符合SDGs理念的企業活動。原創運動服飾品牌「FieldCore」的丹寧褲「AERO STRETCH」從二〇二〇年的款式開始，會在製造過程中考量到地區環境。原本成衣加工最多會用到七十公升的水，現在已縮減至七公升。他們在西班牙公司 Jeanologia 的技術協助下，實現了對環境友善的工程。不僅如此，服飾店配送時必不可缺的大量紙箱，也改採可以重複使用的「運輸箱」。WORKMAN 以高機能性與充滿吸引力的價格勇敢果斷地挑戰市場，如此毫不畏縮的姿態，給予我們更多的勇氣去突破疫情下的長期蕭條。

Key Point

①從營收的「異常值」解讀客群的變化。
②參考真實的聲音，融入商品開發中。
③由女性員工主導，在門市實現各種想法。

②「共鳴」——女性會對品牌故事與女主角產生「共鳴」

——Soup Stock Tokyo

凡是受到女性支持的企業，旗下品牌都有自己的故事與世界觀。

對女性而言，所謂的品牌就是能夠想像「自己有沒有在那個故事裡」。女性對故事情有獨鍾，會陶醉在那個世界裡，產生「共鳴」。當故事與世界觀偏離時，女性很容易就會察覺。

因此員工的認知統一也很重要，最好有個能夠判斷「是我們的風格」或「不是我們的風格」的標準。

如何才能讓品牌的故事與世界觀更容易理解？

在此想提出的建議，就是設定「品牌個性」，將品牌擬人化。用語言來描述品牌的氣質、性格、喜歡什麼或討厭什麼等等。如此一來，公司內部所有員工才能夠談論品牌並採取行動。

帶著女性展開一場夢幻國度之旅吧。

案例　從一名女性的「呼～呼～」開始的湯品專賣店　「湯」是用來「供應全世界體溫」的溝通工具

Soup Stock Tokyo（株式會社 Smiles 代表董事兼總經理　遠山正道）

【企業資訊】

株式會社 Soup Stock Tokyo（東京都）　https://www.soup-stock-tokyo.com/

事業內容：主要業務是經營包含湯品專賣店「Soup Stock Tokyo」在內的餐飲店與零售店。不僅販售食材，也從事纖維製品與雜貨的企劃、製造及販售。商品也透過網路等管道販售，另外還會進行各種活動的企劃。

年營業額：八十七億二千五百四十萬日圓（二〇二〇年三月資料）

創立：二〇一六年二月一日（從株式會社Smiles獨立出來成為子公司。Soup Stock Tokyo旗下門市的一號店於一九九九年開幕）

透過創業期的擬人化角色「秋野露」加深對商品品牌的理解

株式會社 Soup Stock Tokyo 經營的事業，以湯品專賣店「Soup Stock Tokyo」為主，店內湯品皆充滿當季食材的美味，且不含任何添加物。目前全日本共有超過六十家門市，除了販售冷凍湯包與咖哩調理包等商品之外，有些門市還附設販售原創雜貨或餐桌擺飾的禮品區。

一九九九年在東京台場創立一號店時，以湯品與女性為主的餐飲店非常罕見。當時還是三菱商事員工的遠山正道（現為株式會社 Smiles 代表董事兼總經理），在二〇〇〇年成立該公司旗下第一個新創企業「株式會社 Smiles」，正式開始認真經營這家湯品專賣店。

「我原本就對餐飲事業有興趣，就在我思考要做什麼的時候，腦中突然浮現一名女性一邊啜飲一邊吹著熱湯的畫面，這也讓我在意起市面上沒有女性可以獨自輕鬆用餐的餐飲店。為了盡快說服公司，我整理出一份企劃書，用說故事的方式描述那個場景。」他回憶道。

遠山目前除了身為 Soup Stock Tokyo 的董事長，經營「Soup Stock Tokyo」，還以 Smiles 總經理的身分，經營著領帶專賣店、二手選品店等各種與生活相關的事業，而

Soup Stock Tokyo 中目黑店。（photo by HIROKI KAWATA）

最初全力投入的「Soup Stock Tokyo」之所以大獲成功，背後與一名女性有很深刻的關聯。

她叫「秋野露」，三十七歲，為人穩重又獨立自主，不追求時尚但很有品味，偏好簡約風格，不喜歡裝飾性的東西。

其實這名女性是遠山在籌備「Soup Stock Tokyo」時，嘗試將品牌置換成人物而構思出來的虛擬人物。從最初創立時就透過「秋野露」的視角，逐步打造出該店的標誌、店內裝潢、菜單等等。在賦予品牌特定人格以後，他將該店的概念與同仁共享，這名女性角色對於掌握消費者的細緻需求貢獻良多，二〇二〇年，該公司的年營業額累計超過八十七億日圓。

「剛好那陣子我女兒出生，她有異位性皮膚炎，我看我太太為了讓她喝母奶而進行飲食控管，就也想要製作出對身體有益、讓家人也能安心食用的食品。」遠山如此說道。該店最大的賣點，就是堅持使用當季食材，提供不依賴任何添加物的美味，這項堅持不僅來自於「秋野露」，同時也是從親密家人身上獲得的靈感。

共同認知使員工團結一心

這種賦予品牌人格的手法，不僅容易獲得外部的理解，也會對內部方方面面帶來影響。最大的成果就是，所有員工都能夠從「秋野露」，也就是「Soup Stock Tokyo」的角度來判斷所有事情。

「店家在打造品牌時，都會遇到必須做出上萬次決策的情況。料理的口味、傳單的製作、細部的裝潢等等，我不可能親自參與所有的決策。從這一點來說，有一個大家都想像得出來的人格就輕鬆多了。如果是秋野露會如何評斷？重視機能更勝於裝飾的她，應該會更喜歡方便開關的門，而不是裝飾華麗的門，所有人都能像這樣毫不猶豫地做出決定。」遠山如此說明。

據說該公司在新人培訓時期，一定要認識這位「秋野露」。從零開始熟悉哪種餐廳會讓她感到舒適，所有人都得做好準備，才能在具有共識的狀態下披掛上陣。

秋野露的人物形象（摘錄自設定內容）

Soup Stock Tokyo 是……

試著構思如何將 Soup Stock Tokyo
置換成「秋野露」這號人物。

Soup Stock Tokyo 的

菜單是……她設計出來的或喜歡的菜單。
室內設計是……忠實呈現她的性格的風格。
顧客是……她的朋友與慕名而來的人。

▼

Soup Stock Tokyo 的目標是……她的目標與理想。

姓　　名	秋野露
性別與年齡	女性，三十七歲
性　　格	穩重又獨立自主。
類　　型	不大在意別人，很有個性。不喜歡跟別人一樣。不大在意小事，大剌剌的，不過有很強烈的堅持。
評　　價	「看起來沒什麼化妝，但很漂亮。不講求時尚卻很有品味。」 「偏好簡約風格，不喜歡裝飾性的東西、花俏的東西。」
信　　念	沒有「非這樣不可」的想法。
料　　理	方便簡單卻人人誇讚的料理。 沒有偏好的國籍，一律自行判斷。硬要說的話，基本上應該還是以從小吃到大的日式料理為主。受到奶奶很大的影響。 認為努力發揮食材本身的美味，是對食材最基本的禮貌。 孩子出生以後，開始對食材或調味料特別在意。
理　　想	①認識有個性又充滿魅力的人、厲害的人、極具吸引力的人。 ②把自己與那些人共有的想法或感性以具體形式投入社會，提出想法，讓由個人或個人集合體所組成的社會變得更加充實。

秋野露的料理嗜好與取向

✕ 松露、鵝肝、燕窩、霜降松阪牛、鮪魚大腹……
吃起來應該很美味，但沒有機會吃，也不知道哪裡有賣。就算有人送，也不想跟孩子一起吃。

〇 舞菇、烤肝臟、涼粉、雞腿肉、鮪魚赤身……全都喜歡。
不仰賴高級食材，只使用生活中常見的當季新鮮食材。只是對於沒見過的奇特食材會有很大的興趣。好奇心旺盛。

✕ 認為「脂肪」就代表「美味」。奶油也很好吃。

〇 但還是應該控制油脂。油的部分目前只用橄欖油。

員工會代替除了「Soup Stock Tokyo」之外，手上還有多項事業的忙碌董事長，在現場推進各個環節的工作。遠山說自己這十年來已經不再親自試喝湯品了。即使如此，偶爾在店內品嘗到的商品還是一樣美味，確實地延續著創業時的理念。這都是因為員工理解公司的目標，團結一心共同努力的結果。即使平常各自在不同的部門或單位工作，大家心中還是有「秋野露」這個角色的共同認知，然後每位員工都會以她的角度在各種情境下進行判斷。

即使面對新冠疫情，遠山依然感覺到員工心中有一支方向明確的箭矢。二〇二〇年四月的「緊急事態宣言」期間，公司因為被迫全店停業，營收比前一年大幅下滑。即使如此，那支從員工身上直直射出的箭矢並沒有急速下降，或朝著意想不到的方向飛去，而是穩穩地朝著前方前進。遠山說在那時候，他感覺到每個人都抱持著危機意識，同時散發出一股想要靠自己克服困難的力量。

未來需要的人才是「自動自發的人」

憑著明確的品牌建立，日益強化員工向心力的 Soup Stock Tokyo，今後又會如何向前邁進呢？遠山說道：

「將來的人分成三種，A是搶手的人，B是自動自發的人，C是兩者皆非。在以前的時代，A是最重要的，所以大家會拚命念書，努力累積學歷，好成為優秀企業爭相拉攏的人才。

不過隨著全體人類壽命的延長，很少有人一輩子都是搶手的人才，因此最好還是要自動自發，累積主動創造的經驗。」

這一點也可套用在門市的經營上。如果想要成為持續受到顧客青睞的店家，那麼就不能把主導權全部交到消費者手中，自動自發地持續展現特色是很重要的。

從這方面來說，每季或每週更換食材、各家分店還提供不同菜單的「Soup Stock Tokyo」，可以說是全心全意地投入創造，不讓消費者失去新鮮感。

對於目標一致的員工，遠山還會強調一件事，就是要對自己的生活或幸福保持敏銳，並努力實現。自己的人生要由自己親手掌握，不管是株式會社 Smiles 或株式會社 Soup Stock Tokyo，他都希望是由這樣一群成員所組成。

「這二十年來，我們的目標不只是一間賣湯品的店而已，而是要成為這個社會上的一種基礎建設。希望我們今後也能成為一個讓顧客說出『有這間店真好』的地方。」遠山與員工們的挑戰似乎還會繼續下去。

Key Point

①賦予品牌人格，讓員工有一致的目標。
②各個現場的判斷是根據共同認知來決定。
③對自己的生活或幸福保持敏銳並努力實現。

③「共創」——女性會受到傳達商品魅力的「共創」所感動

——汀恩德魯卡（DEAN & DELUCA）

女性會感受到一項商品有沒有受到重視。

對女性來說，商品有沒有受到重視，就好像自己的事情一樣，她們會對此感同身受。所以想要推銷商品給女性時，一定要使出渾身解數展現出商品最大的魅力。

商品的陳列方式、形狀、方向、產季、產地、背景、理念、網頁版面、傳單設計、說明文等等，女性看得出以上每個環節中，有沒有包含對商品的熱愛。

女性還會受到精心的商品設計、用心的賣場布置，與充滿愛的銷售等「共創」所感動。

讓我們把設計或創意等片面的感性放一旁，用交響樂般的合奏來迎接女性吧。受到充滿愛情的「共創」迎接時，女性就會「感動」在心。

案例

在店面充分展現食物之美。概念是「欣賞的樂趣、烹調的樂趣、用餐的喜悅」

汀恩德魯卡（株式會社 WELCOME　汀恩德魯卡事業部　行銷總監　菅野幸子）

【企業資訊】

株式會社 WELCOME（東京都）　https://www.welcome.jp/

汀恩德魯卡事業部　https://www.deandeluca.co.jp/

事業內容：經手進口食品及加工食品的製造與販售、咖啡店的營運，除此之外還有外燴、食品批發、禮物型錄等各種與食品相關的合作案。透過獨家的網路與選品精挑細選出來的食材深受消費者喜愛。

年營業額：約一百一十六億日圓（二〇一八年度結算）

創立：二〇〇二年（在日本設立事業的年份）

※以上僅包含汀恩德魯卡事業部的資料。

目標是「餐廳級品質」

喬治・德魯卡（Giorgio DeLuca）與喬爾・汀恩（Joel Dean）於一九七七年在美國紐約創立了該公司。為了將德魯卡家鄉的義大利與地中海食材引進紐約而成立的零售事業「汀恩德魯卡」，以迅雷不及掩耳的速度與令人印象深刻的標誌，擴張到全世界。

在日本，汀恩德魯卡自二〇〇三年起，從品川、六本木、丸之內等東京市中心開始，逐漸擴店到關西與九州地區。十七間超市加上三十四間咖啡店，總共五十一家門市，還有餐廳（設置在超市內的餐桌席）、線上事業等等，他們基於「LIVING WITH FOOD（品味食物即品味人生）」的創業理念，每天持續提供優質的食材。除了食材之外，他們在杯子、背包、結婚禮物、小禮品等雜貨事業上，也獲得巨大的成功。

儘管這次的新冠疫情造成實體店面相繼關閉，該公司的線上事業營收卻成長二至三倍之多。其品質令人在非常時期也想品嘗。究竟是什麼如此吸引消費者青睞呢？

「店內的廚師全都是在高檔餐廳或私人餐廳磨練過手藝的人，因此可以享用到餐廳

汀恩德魯卡店面。

以食物為主角的陳列方式。

級品質的料理。」株式會社 WELCOME 行銷部的菅野幸子自豪地說道。

「我們不使用加工食品，而是每天從進貨開始，直接選用最新鮮的蔬菜或食材。如同公司概念『欣賞的樂趣、烹調的樂趣、用餐的喜悅』一樣，我們會充分發揮食物的美味，並且很重視與重要的人在家一起吃飯這件事。」

正如菅野所述，該公司的料理對消費者而言是很特別的餐點。即使在這次的新冠疫情期間，仍然有夫妻為了慶祝結婚紀念日，而下訂了一人約四千日圓的派對套餐。儘管無法在外面的餐廳慶祝，仍然想在自家度過充滿回憶的時光——在這樣的念頭下選擇的特別料理，就是「汀恩德魯卡」的食物。由此可見，該公司重視家庭用餐的理念，已充分傳達到消費者的心裡。

不追逐趨勢，只追尋自己想吃的東西

該公司從創業以來，始終以新鮮的食材與佳餚擄獲消費者的心，但意外的是，他們所秉持的一貫堅持就是不追逐趨勢。取而代之的是，希望將自己想吃的東西、覺得感動的東西推廣出去的熱忱。

尋找食材的視察旅行，都是由廚師、採購、業務和行銷等各種類型的成員結伴同行。他們會在旅行地尋找讓人好奇「這是什麼?」的食材並採購回來。舉凡飲料、蔬菜、麵包、調味料等等,任何讓人印象深刻的東西都可以。

「能讓各個領域的專家都覺得感動的東西,也比較容易傳達給顧客。請對方試吃看看,將我們自己的感動表達出來,就是我們的做法。但其實我們只是忠實呈現最初創業的汀恩與德魯卡做過的事情而已。因此若從行銷的觀點來看,我們並沒有要結合當前趨勢的意思。」

在視察期間發現的食材,後續會以「研習會」的形式與店內員工共享。為什麼喜歡那個食材?如何烹調成一道菜?在充滿熱忱的分享過程中,他們的「體驗」也會傳遞給其他員工。

菅野表示:「這個『體驗』是很重要的。隨著自身『體驗』的深刻程度不同,傳遞給顧客的熱忱也會不同。」

附帶一提,該公司目前經手的食材,有五成是來自國外的進口食材,其餘五成則是採購日本獨有的食材。最有意思的是,每家門市提供的料理會依地區而不同。當然,標準菜單是各地共通的,但是季節菜單要使用哪些當季蔬菜或地方特產的食材,則交由各店自行決定。例如在京都會採用京野菜、在福岡會採用當地特色食材來設計菜單。

不過為了避免口味或品質不一，還是必須經過總公司的檢查。在各家門市都可以品嘗到當地特有的料理，也是汀恩德魯卡的魅力所在。

與員工共享創始人對飲食的想法

目前「汀恩德魯卡」的員工人數，包含工讀生在內，共有將近一千五百人之多。有很多企業的創始人信念，會隨著組織的擴大而變得形式化，但該公司卻是以肉眼清楚可見的形式共享信念。

在標榜創業理念「LIVING WITH FOOD（品味食物即品味人生）」的同時，現場則是效法創始人以「Food is hero（食物是主角）」為口號，努力投入工作中。

菅野也是直接受教於德魯卡的人之一。

「創始人認為『食物本來就是美麗的主角，為什麼必須收納在倉庫裡？』因此在我們的店裡，是直接將商品陳列在倉庫用的層架（營業用置物架）上。說白了，我們店面本身就是倉庫，為了讓食物成為主角而進行的任何精心設計都是多餘的。」

不僅是食物的味道而已，創始人也始終貫徹對食物本身堅持講究的態度，在決定店面陳列或商品擺放方式時，員工之間幾乎每次都會討論到「食物真的有成為主角嗎？」這個問題。

除此之外，該公司對食物的追求，也與全世界都在呼籲的ＳＤＧｓ深有關聯。他們的想法是，為了製作出美味優質的食物，必須持續性地回饋生產者，讓生產出豐富食物的土壤保持健康狀態。

「我們將『為了維持美味，我們能做些什麼』設為願景，反覆試錯，例如導入紙製飲料蓋以減少不必要的垃圾，或是使用能夠回歸土壤的容器等等。ＳＤＧｓ是很重要沒錯，但對我們而言，為了保護孕育出豐富飲食文化的氣候與風土，ＳＤＧｓ是一件理所當然的事。」菅野說。

該公司的策略不僅獲得消費者高度讚賞，更成為能夠獲得具體意見的寶貴機會，例如「希望製作無塑刀叉」等等。希望優質食材豐富每個人的人生，並認真地守護孕育食物的大自然。這家公司歷久不衰的魅力就來自於此。

Key Point

①將自身的感動化為商品而不追逐趨勢。
②將創始人對食物的理念活用於現場。
③將大自然納入考量以獲取穩定優質的食物。

④「共事」——女性希望透過「共事」的互相扶持，對他人有所貢獻——GU

與女性攜手合作吧。社群媒體所有的個人都是收發訊者，也是媒體。

每一位顧客與員工也都成為了媒體。

雖然也會嚮往藝人或名人的資訊，但那不會成為自己的現實。想要獲得與自己更切身相關的建議，例如身高跟我差不多矮小的人，穿上這件洋裝不知道會是什麼感覺？或者體型與我差不多豐腴的人穿這件褲子時，要搭什麼上衣才合適？

平凡而不起眼的我，與平凡的她之間，串連起一個又一個資訊。

支付高額代言費請知名藝人擔任形象代言人，會有很好的宣傳效果，但同時存在合約到期後就不能再使用照片等限制。

女性與女性之間建立起可以與旁人互相扶持的關係，更有助於增加營收。

與女性建立起「共事」的關係吧。難得有這個機會，多少想要對他人有所貢獻，想要幫助他人，這種自然而然產生的心態，才能自然連結到營收的成長。

案例

全日本超過五百名的「時尚顧問」媒體　顧客會參考員工的穿搭來購物

GU（株式會社GU）

【企業資訊】

株式會社GU（東京都） https://www.gu-global.com

事業內容：休閒服飾與飾品的企劃、製造及販賣。

營業收入：二千四百六十億日圓（二〇一九年九月一日至二〇二〇年八月三十一日）

創立：二〇〇六年三月

提供支援給不知道哪些衣服適合自己的顧客

UNIQLO的姊妹牌「GU」主要受到喜愛時尚的年輕女性支持。如果UNIQLO的形象是以基本款為主打，那麼GU在女性口中的評價就是「便宜又時尚的流行服飾」。其中特別受到女性歡迎的，就是所謂的「時尚顧問」，也就是取得公司內部認證資格的銷售人員。

據說最初誕生的契機，是有顧客反映，即使店裡陳列著眾多的流行商品，但「購買了商品以後，還是沒辦法穿搭出心中想要的樣子」，或者「不知道要怎樣跟手邊的單品搭配才會看起來更時尚」。

目前全日本四十七都道府縣共有五百名以上的「時尚顧問」，被認證為GU官方的造型穿搭顧問。

這些顧問會在門市幫顧客一起挑選衣服，就像是常駐在店面的造型師一樣。網站上還可以看見有人留言：「我買了時尚顧問幫我挑選的衣服，超滿意。」應該有很多人是自己一個人逛街，老是買下類似款式的衣服，然後不知道要用什麼搭配現有的或身上穿著的衣服，才會看起來比較時尚。這種時候，推薦各位一定要前往門市尋求「時尚顧問」的建議。

店內還到處陳列著「時尚顧問推薦的穿搭」。在不知道上下身如何搭配或怎麼挑選飾品時，這樣的服務格外令人感激。

時尚顧問化身主角、結合「加入我的最愛」功能的平台

此外，GU還有一個叫做「GU STAFF STYLING」的平台，可以瀏覽「時尚顧問」推薦的穿搭。

在這個平台上，「時尚顧問」有機會展現自己的穿搭給顧客欣賞。「時尚顧問」本身就是模特兒，每天上傳自己穿戴商品的照片。

照片底下列出「時尚顧問」服務的門市名稱、暱稱以及身高。顧客可以藉此找到跟自己相同身高的員工，掌握穿搭起來的樣子，如果喜歡的話，還可以在確認商品細節後直接購買。只要看到符合個人喜好的穿搭，就算「時尚顧問」所在的門市很遙遠，也能夠加入「我的最愛」。

穿搭可能依各地氣候而異，造型也有可能依體型而異，如此一來更容易找到適合自己的商品。

此外，對於各地的「時尚顧問」來說，看到自己的穿搭照上傳到官方網站，工作動力也會大幅提升。

由於看得到來自全日本顧客「加入我的最愛」的回饋數據，他們會得到刺激或鼓勵，因而進一步提升能力。

因為看得到全日本的「時尚顧問」穿搭，所以光是看同一件商品如何搭配的提案，

APP「STYLE HINT」的畫面。（照片提供：GU）

就能夠有所學習。拍照構圖或拍照方式的水準也會提升。在這樣的加乘作用下，上傳的照片會愈來愈精緻而有魅力，顧客群中的粉絲也會隨之增加。這就是在互相扶持下持續進化的過程。

這種「時尚顧問」的制度與角色，有著絕佳的徵才效果。

很多人在網路上搜尋「如何成為GU的時尚顧問」，也有很多人的應徵動機是「想要成為時尚顧問」。

由可在購買前試穿的虛擬模特兒「YU」負責提案

二〇二〇年春天，GU還公布了另一位幫助解決購物困擾的好幫手。

那就是3D模特兒「YU」。

「沒辦法像模特兒那樣打扮得那麼好看」、「有時在試穿之前就放棄了」、「不知道自己適合什麼」……他們用心傾聽顧客的種種煩惱，開發出虛擬模特兒，透過真實的體型來提案各種商品或穿搭。

即使不是理想的模特兒體型，還是有適合所有人的商品或穿搭——為了傳達這個概念，第一波請來了二百名隨機挑選的女性，測量她們的身高，並參考平均值打造出虛擬人物「ＹＵ」。

名字源自於英語的「ＹＯＵ（你）」。因為想讓所有人都感到親切，所以才根據「你」的意見創造出這號虛擬人物。據說未來會調整其身高或骨架，變換成各種不同體型，以提供更多適合不同體型顧客的商品。

【虛擬模特兒「ＹＵ」的角色設定】

身高一百五十八公分。

在二〇二〇年年滿二十歲的大學生。

對流行很敏銳的老么性格，自由自在不受拘束。

最愛時尚與美食，不喜歡謊言與客套話。

專長是背誦外文單字，煩惱是體型變化很快。

座右銘是「好好吃飯，好好睡覺」。

承前所述，「YU」的角色並不像專業模特兒那樣，得展現出帥氣的生活或風格，她是與一般隨處可見的女性體型相近的虛擬模特兒。目的是希望能夠藉由「YU」穿戴商品，在商品選擇上提供切合實際的參考。

GU採取「時尚顧問」與「YU」的策略，是為了解決「顧客的煩惱」，並站在與顧客相近的立場，建立彼此交流的關係，以回應顧客需求。

其中「時尚顧問」與顧客一樣以女性為主，而且大多都是與那些享受流行時尚的顧客同年齡層的女性。若同樣身為女性的顧客，能夠透過GU的商品，對時尚產生任何一丁點興趣，獲得更多購物的靈感，那麼這份工作或許就有很大的意義。包含能夠促進「時尚顧問」之間相互發展的「GU STAFF STYLING」在內，這種工作方式能透過自己每天的穿著打扮，對別人產生貢獻。我認為這是一份很棒的工作。

Key Point

①藉由互相展現自己的日常來追求進步。
②設身處地站在他人的立場提供資訊。
③創造出讓他人感到「開心」的工作方式。

⑤「共育」——女性粉絲與企業透過社群「共育」

——Pasco

為了達到企業與消費者共同成長的目的，我們向來建議透過社群保持順暢的溝通。

在本章最開始提到的《女性市場攻略法》（三菱綜合研究所編著）問卷調查結果顯示，成功企業都有「獨立的監督組織收集資訊」與「持續性地收集資訊」，讓我們更加確信這一點。除此之外，這份報告還提到「有趣的是，社群中會出現讓人預感到暢銷的言論」。

舉例來說，書中提到「洗衣凝膠球」的產品概念，早在商品化以前就有人投稿留言。此外，也有報告指出椰子油風潮興起時，相關話題早在半年之前就在女性社群中傳開，可以從此掌握到趨勢的「幼苗」。

我們的日常調查中也顯示，**女性經常未卜先知**。具體來說，暢銷商品大約會從三年前開始冒出「幼苗」，然後約半年前在社群媒體上傳開，等到媒體爭相報導「暢銷商品」時，其實早就已經熱賣一陣子了。

除此之外，如果是「潮流」或「趨勢」的話，大多都會預見五年到十年後的社會面貌。當然，如果採訪者沒有注意到，一切就毫無意義。

關於「共育」的案例，我想介紹一家架設女性社群網站，追求與社會共生而努力提升企業價值的企業——敷島麵包株式會社。這裡從刊登在 HERSTORY 公司網站上的報導中，擷取代表董事兼總經理盛田淳夫與我的訪談，作為分享案例。

案例

利用社群網站汲取顧客的聲音
從開發到促銷，與顧客共同孕育 Pasco

Pasco 支持者俱樂部（敷島麵包株式會社　代表董事兼總經理　盛田淳夫）

【企業資訊】

敷島麵包株式會社（愛知縣）　https://www.pasconet.co.jp/

事業內容：麵包、和菓子與西點的製造與販售。

年營業額：一千五百三十九億日圓（二〇二〇年八月）

創立：一九二〇年六月（大正九年六月）

為了近距離聽取顧客聲音而誕生的顧客社群網站

以「超熟」吐司廣為人知的 Pasco（敷島麵包）是一家麵包製造商，相信大家在全日本各地的零售店、超市、便利商店等很多地方都看過。

Pasco 自二〇〇三年起，為了積極聽取顧客的聲音，成立了一個封閉型的監督組織「Pasco 支持者俱樂部」（https://www.pasco-sc.fun/），主要以約二千人為對象，舉辦新商品試吃會等活動，並藉此獲得聽取意見的機會。

只是當時除了俱樂部負責人之外，公司內部幾乎無法看見活動內容，所以在這種狀況下，公司內部也並未建立起積極參與俱樂部的意識。

「我認為在與外界交流之前，必須先以存放顧客心聲的部門為中心，活化公司內部的交流才對，於是決定成立社群網站專責部門『社群媒體行銷交流室』。」盛田董事長說。

社群網站專責部門在公司內部誕生以後，立刻執行的第一件事，就是將封閉型的監督組織變更為開放型。

接著為了與更多顧客進行交流，二〇一七年開設了現在的社群網站「Pasco 支持者俱樂部～ Pasco 與美味時光～」。由於 Pasco 已有一定知名度，因此啟用後會員數立即倍增，後續也持續成長。

「專責員工非常勤勞地為公司奔走。有一點很大的差異是，以前 Pasco 支持者俱樂部的目的，是以封閉型的聚會模式邀請顧客監督商品來獲取資訊。自從模式大幅改變以後，就變成一個會員本身也很樂在其中的社群，並且能夠更頻繁地雙向交流資訊。」

在瞬息萬變的時代裡，「維持現狀」等於「退步」

網站剛開放時，剛好是 Instagram 開始在女性之間流行的時候，社群媒體也日新月異。新的服務與工具陸續問世，專責部門必須具備更豐富多樣的知識才行。專責部門的成員並非社群媒體的專家，因此所有人都度過了一段一邊加緊腳步學習，一邊經營社群網站的日子。

「即使只是短短一年的時間，趨勢也會大幅改變，就像一開始明明是臉書的全盛期，如今卻可以看到 Instagram 在年輕女性之間更受歡迎。我經常告訴員工：『維持現狀就等於退步。』如果不時時刻刻保持向前邁步的改善與革新姿態，很快就會被這個世界淘汰。即使現在的環境很舒適，事情也不可能永遠稱心如意，外界的環境是瞬息萬變的。有可能等你注意到的時候，早就已經被時代的潮流拋在後頭了。之所以為了聽取外界意見而調整內部體制，就是基於這樣的想法。」

他也讓內部所有人知道這個社群網站的存在，並將裡面的話題或評論分享給各個部門，期望有助於新的開發或改善作業。

我清楚地感受到，他很希望員工都能對社群媒體抱持好奇心，並對世界的變化更加敏銳。

「經營會議上也很常出現社群媒體的話題。此外，業務人員也逐漸理解到，顧客在去門市取得 Pasco 的商品之前，接觸到的媒體都是智慧型手機而非傳單。比方說，現在有愈來愈多人去超市賣場，是一邊看手機一邊購物的。雖然每個人的目的不盡相同，但應該有不少人是看到烹飪影片後，覺得自己也想做做看，才前往蔬菜或肉品賣場的吧。我認為我們必須深刻理解社群媒體或智慧型手機這種改變購買行為的特性，同時也認為在現實世界琢磨自己的感受力是非常重要的。為了預測下一波趨勢，不能只顧著關注麵包賣場而已，觀察其他賣場、其他業界的趨勢是很重要的。」

平常會購買麵包的消費者也有很大的改變。他說自己的目標是培養出能夠確實掌握

「Pasco 支持者俱樂部」網站。（畫面提供：敷島麵包）

新冠疫情期間，以遠端連線方式與會員交流。

這些社會變遷的人才與組織。

「持續觀察賣場就會感覺到每天的變化。在核心家庭愈來愈多，單身家戶也持續增加的現在，一斤[14]六片的份量太多，半包（半斤，三片）吐司的銷量則穩定成長。蛋糕也是，比起大塊的蛋糕，小尺寸蛋糕或切片組合賣得更好。」

在家庭結構改變的趨勢下，供應的方式也逐年改變。

創業超過一百年，與永續社會同行，持續受到顧客喜愛的企業之責任

Pasco 也挑戰了用百分之百國產小麥來製作吐司。

其中意義不僅是與競爭企業的差異化，更包含了盛田董事長的強烈熱忱。

「差異化並非首要考量。本公司的創業理念之一是『賺錢是結果而非目的。解決糧食不足是創業的首要意義，唯有對社會有所貢獻，事業才得以發展』。」

盛田董事長憑著一股強烈意志發起挑戰，堅持使用國產小麥自製吐司，理由是想要提升國內的糧食自給率。

「第一代董事長盛田善平在搶米暴動時，心想：『如果用小麥粉做麵包，取代米的供給，是不是就能解決米糧不足的問題，對社會有所貢獻？』於是使用當時經營的製粉工廠生產的小麥粉，展開麵包事業。

14　日本的吐司計量單位。三百四十克以上為一斤，一百七十克以上為半斤。

即使到了現在，糧食自給率太低依然是日本的一大問題。在二〇〇七到二〇〇八年前後，全世界的穀物價格暴漲。在當時的麵包業界，小麥粉幾乎都是依賴進口，因此大家都覺得提升糧食自給率一事與自己無關。可是如果無法從海外進口小麥，那就連麵包都無法製作了，在這樣的危機感下，他開始挑戰用乏人問津的國產小麥製作麵包。為了設法提高已開發國家中最為低落的日本糧食自給率，我們也想要有所貢獻，於是採用以『夢之力』為主的國產小麥，希望製作出百分之百國產小麥的麵包。目標是在二〇三〇年以前，『將全公司的國產小麥使用比例提高到百分之二十』。」

敷島麵包創業至今超過一百年。

今年因為新冠肺炎疫情的擴散，不得不取消各種盛大的活動與門市推銷企劃。這也成了思索全新工作方式以及如何與顧客交流的契機。

以專責部門形式成立的社群媒體行銷傳播部，也不再只是負責與顧客溝通，還將成為在企業策略上占有一席之地的重要部門。

一切都是為了追求企業與顧客攜手「共育」，邁向共生的目標。

請各位務必點進 Pasco 支持者俱樂部瞧一瞧。

裡面不僅有女性顧客分享的美味麵包食譜或創意應用，還有身為品牌大使的女性互相交換意見，並積極深化與 Pasco 的關係。

Key Point

①建立可以直接聽取顧客意見的關係。
②創業超過一百年，對永續社會盡到責任。
③與顧客攜手「共育」，邁向共生的目標。

⑥「共生」——女性會以生活領導者身分關注永續性

近年來多了「永續性」這個觀點。如果全世界不攜手邁向永續社會，我們居住的地球以及人類本身將無以為繼，這感覺是一個非常龐大的議題，而且也是居住在地球上的每一個人的集體意識，看來我們必須得對這一點有所自覺了。

關於「共生」，本書最後一章會以「未來十年」為題再次進行論述。此處想介紹的不是案例，而是總結女性觀點中的社會性觀點具有多麼充分的ＳＤＧｓ意識。

▽女性觀點行銷不是以產品為導向，而是以生活為導向

女性觀點是一種社會行銷手法。社會行銷是行銷大師菲利浦・科特勒（Philip Kotler）在一九七一年提出的概念。

相對於企業以追求利益為主的行銷，社會行銷重視的是與社會的關係。由於女性觀點關注的是日常生活中的事物，因此會下意識更加重視符合社會價值的意識。

或許有許多企業都聲稱自己具備社會觀點，但我認為實際上這會依企業規模或經營者的意識而有很大的差異。

相較於其他已開發國家，日本在符合社會性目的的行銷方面是偏弱的。最主要的原因，恐怕是經營策略中並未納入女性觀點。儘管口頭上宣稱「與顧客攜手」或「與社會共進」，但經營者本人大多都是把一切生活瑣事交給妻子的男性。這就是日本企業的特徵。

況且日本約有九成是中小企業，企業規模愈小，愈容易以產品、而非生活為導

向。因為沒有餘裕，所以不得不奉行營收至上主義。

若能在未來把製造業大國日本的精湛技術，與女性觀點行銷加以結合，再融入生活導向，肯定會引起新的化學反應。如果能創造出社會意識高漲的文化，那麼日本仍會是一個大有可為的國家。

為此，勢必得有意識地增加從女性觀點看事物的機會、建立容納女性觀點的經營團隊與幹部體制、掌握女性觀點下的「愉快」與「不快」，以及考慮迴避或中止的勇氣。

▽社群媒體的「炎上」風波幾乎都是女性眼中「不快」的案例

最近，我們支援了有關**「在社群媒體上被群起撻伐該怎麼辦」**的諮商工作。其中幾乎所有的案例，都是針對想要獲取女性共鳴的商品，推出了令女性看了感到不快的廣告。

舉例來說，有人在某家絲襪廠商的社群媒體上留言：「明明是要給我們女性購買的絲襪，插圖卻明顯是討好男性的性感圖案。」也有某個行政區在形象提升的活動海報上，使用少女臉蛋加上特別強調乳溝的二次元人物，遭到當地親師會嚴重抗議，最後落得全部撤換的下場；還有一場將食物與女性內衣組合在一起的宣傳活動也引起爭議，說是：「像是要吃掉女性一樣，感覺很不舒服，而且也會對孩子造成不良影響。」**主要都是從「低級」或「對孩子造成不良影響」等觀點衍生出來的風波**。

女性觀點行銷對於無意識地詆毀他人、自虐梗或傷人的風俗文化等應該都有不錯的導正效果。

女性觀點行銷手法圖誕生於二〇〇九年。在當時無論向誰提起這個圖，都會換來一臉「問號」表情；甚至在演講中提到這個話題，也被批評得體無完膚，例如：「我聽不懂妳說的話是什麼意思。」、「那種觀點沒辦法提高營收。」

然而，如今這卻是一套不可或缺的手法，連我自己也對此深感佩服。女性的意見真的預見了十年後的事。

女性觀點行銷與傳統行銷手法的差異

女性觀點行銷是注重女性消費者生活導向的社會行銷式手法

※社會行銷指的是重視與社會關係（社會責任、社會貢獻）的一種行銷思維。

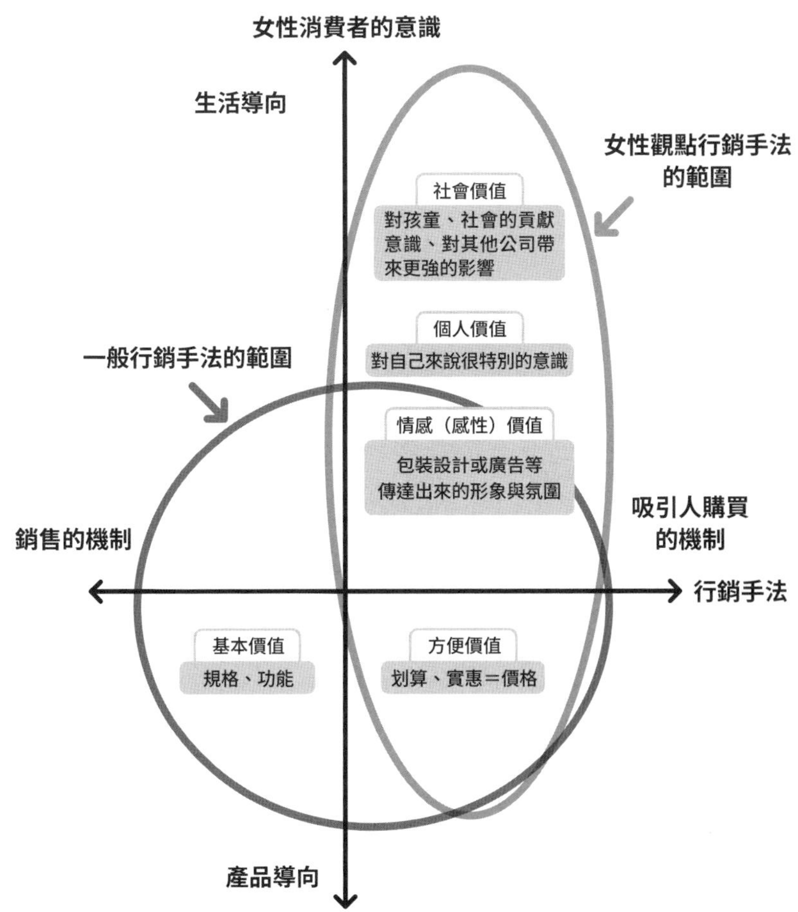

※圖中五種價值來自 HERSTORY 的調查，並於2009年在《刺激消費，我是主角》一書中發表。

▽成功推動女性觀點行銷的「六個共」與「六種價值」

前文已經強調過，想要成功推動女性觀點行銷，必須意識到「六個共」，並在行銷流程的每一個環節與女性建立起關係的重要性。

而女性透過這些「共」，又是以什麼為價值標準在選擇商品呢？

接下來會將「六個共」與「六種價值」標準結合在一起說明。

女性會在無意識間同時確認以下六種價值，判斷自己的購物正確與否。

女性消費者購物的「六種價值」

①基本價值（產品）：產品本身的品質、性能、功能；可靠性。
②方便價值（益處）：划算、實惠、方便、實用、好用。
③情感價值（五感）：外觀漂亮；設計、顏色、形狀、觸感等等。
④個人價值（自我）：可以充實自我、有自己的風格、合適。
⑤社會價值（社會）：想要對他人有所幫助（口耳相傳、分享）。
⑥永續價值（永續）：為了邁向永續性的社會而採取的具體行動。

以下以「化妝水」為例說明六種價值：

①基本價值（產品）

即化妝水這項產品本身的價值。例如擦在臉上、能滋潤肌膚、具有保濕效果等等，化妝水必須具備這些基本價值，否則就不能稱作化妝水。就像汽車要能移動、手機要能打電話一樣，是產品本身一定要具備的價值。

②方便價值（益處）

類似所謂的「CP值」。方便攜帶、不會太重、經濟實惠等等，讓商品更討喜、更有趣、更方便、更好用的價值。例如採用能讓化妝水不易變質的容器、不會太重、內容物不易灑出、蓋子很容易開關等等，對使用者有益的功能或設計。

③情感價值（五感）

化妝水的香味很好聞、瓶子顏色很美、形狀很可愛等等，訴諸於五感的價值或精良的設計。例如因為喜歡瓶身設計，所以想要買來擺在化妝台上等等，是一種訴諸於情感的價值。

④個人價值（自我）

工作忙碌的媽媽會想要結合化妝水、乳液、美容液等多種功效的多效合一產品；由於會接觸到孩子，因此選用無香料、無添加的產品會比較放心；如果是有在打網球的五十幾歲的家庭主婦，因為要預防曬太陽造成的黑斑，最好選用有美肌與抗紫外線效果的化妝水等等。女性重視的價值，會根據所處的狀態而有所不同。

⑤社會價值（社會）

自己用過覺得很棒而大受感動，想分享、推薦給朋友，或想告訴更多「媽媽友」及朋友等等，具備讓人想口耳相傳的要素，或有助於互相扶持的價值。

⑥永續價值（永續）

最好是對環境與肌膚都友善的天然成分；既然都要買了，就想購買對社會有貢獻的產品；想要購買部分營收會捐贈到環保用途的企業商品；自己也想要採取有意義的行動；化妝水用完以後，最好有補充包可以替換。

以上就是以化妝水為例的「六種價值」說明。

女性消費者眼中的「六個共」與「六種價值」

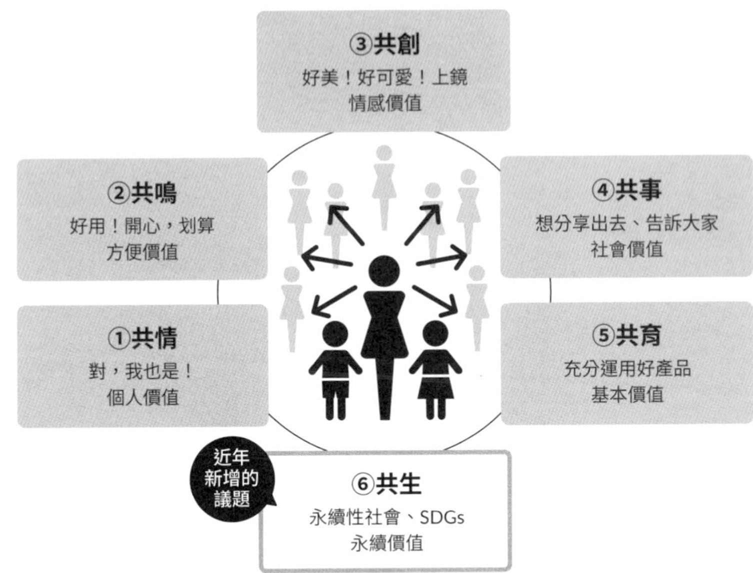

在十年前剛發表的階段，①到④的比重很高。

這十年來，⑤與⑥的價值愈來愈受到重視，尤其新冠肺炎爆發後更是明顯。

若用一張圖來呈現本章介紹的「六個共」與「六種價值」，就會如上圖所示。

女性觀點重視「共」的關係性，而其中的價值標準就是「六種價值」。

第五章

將女性觀點行銷導向成功的五個理解

學習女性觀點行銷不可或缺的五個理解

——從五個理解養成掌握「愉快」與「不快」的習慣

本章終於要讓各位正式開始學習女性觀點行銷。

女性觀點行銷比傳統行銷複雜，但很有趣（其中也包含我個人主觀看法）。

一般會認為「女人很麻煩」、「女人很難應付」，或許就是來自這樣的複雜感，但只要能夠克服複雜感，就可以把競爭對手放在一邊了。

對於那些想要從理性且符合邏輯的角度解決事情的傳統行銷人來說，這種複雜感大概就是他們不願去嘗試的主因。儘管很多行銷人腦中清楚知道「女性消費者很重要」，但卻經常有意無意地閃躲。

具備策略性頭腦的行銷人或顧問多為男性。

他們是不是覺得自己無法擁有相關體驗，談到「女性觀點」會欠缺說服力，所以才盡量不去碰觸這個話題呢？我經常遇到一些令人不禁這麼想的情況。

許多行銷書籍在談論「女性消費者」時，都會提到其「重要性」，但都只是輕描淡寫地帶過，不會占據太多篇幅。有一次我去參加某知名顧問的講座，他強調「行銷就是『生活與活動』」，但又在講座上表示「不懂太太在說些什麼」、「難以理解女性的這種特性」、「除了自己喜歡的東西，其他購物都交給太太」等等，言談間有意無意地用自己不參與「生活與活動」的話題來取悅聽眾，令我感到十分驚訝。每每遇到這種前言不答後語的行銷人，我內心對傳統行銷的懷疑就不斷加深。

話雖如此，那場講座之中還是存在著正確解答。

那就是**「女性觀點行銷」的關鍵即在於對「生活與活動」的掌握**。換句話說，重點不在於男女。只是以生物學角度來看，女性在無意識中意識到「生活與活動」的本能比較強烈，所以才會出現男女差異。我認為近年來的性別落差，來自於人類培養知性或教養之前，由本能行為所引起的男女自然傾向。雖然不能論斷女性就是如何，但特定的傾向確實存在，如果連這都否定的話，等於是變相地否定了男女各自不同的優點，我認為這是不對的。

尤其是生理期、懷孕生產期、停經更年期等明顯專屬於女性的生理差異所形成的感受事物方式，更是為男女之間帶來巨大的分歧。

不過，任何人都有能力理解女性觀點行銷。

沒有親自照護的經驗，自然不會理解照護者的心情；沒有體驗過貧困生活的人，自然只能靠想像去體驗那份艱苦；當然，有錢人的生活也只有親自經歷過才知道。但即使只是認知、理解那些狀況，關注的方向也會有所改變。

同理，即使無法感同身受，但知道女性觀點的存在，去理解女性觀點也是很重要的。

女性觀點行銷只不過是以往沒被注意到的另一種行銷而已。就像女性（至少我自己是這樣）即便對傳統行銷感到懷疑，還是會努力去領會並一路工作到現在一樣，男性也能夠領會女性觀點行銷。即使能體會的較少，依然能夠「理解」。

此外，也不是身為女性就一定能夠理解。

〈序章〉中寫的「讓女性觀點行銷獲得成功的四項請求與心態」中，第四項就有提到並不是身為女性就一定會懂。

女性的人生大事會帶來劇烈變化，因此不僅傳統行銷常識不通用的情況所在多有，**女性本身在主觀的觀點下，也無法理解與自己狀態或價值觀不同的女性**。

我們必須承認女性類型有百百種，並養成深入探索的習慣。其實，女性行銷人有可能因為自己身為女性，而具有「和自己一樣」的既定觀念，搞不好反而比男性行銷人更難以領會女性觀點行銷。

女性觀點行銷是「另一種行銷」的專門領域，只把焦點著重在性別差異是沒有意義的，必須確立一個擁有知識與經驗的專門領域。我甚至希望管理學中能夠加入「女性觀點行銷」這門領域。

光是聽到加上「女性」二字就氣得橫眉怒目的人，其中有很多都是女性，但正如本書所述，「女性觀點」幾乎影響到社會生活的各個層面。

因此，這才會是一項需要鑽研各種知識與領域的龐大研究。

這是一種高水準的行銷，並不是單純將女性觀點行銷「交派給女性員工」即可的程度，因此若缺乏知識與理解，很難將其穩定地導向成功。我們也遇過「交派給她們卻毫無成果……」這種針對女性員工做評論的案例。

雖然書籍存在著限制，但本章會盡可能為各位提供事前所需的知識與理解。掌握女性觀點行銷，將會成為一大利器。

相信女性觀點行銷會成為一支魔杖，幫助各位掌握愈來愈難理解的消費社會。

首先，要領會女性觀點行銷，必須先理解五件事情。相關專案成員最好先從「理

女性觀點行銷的成功理論

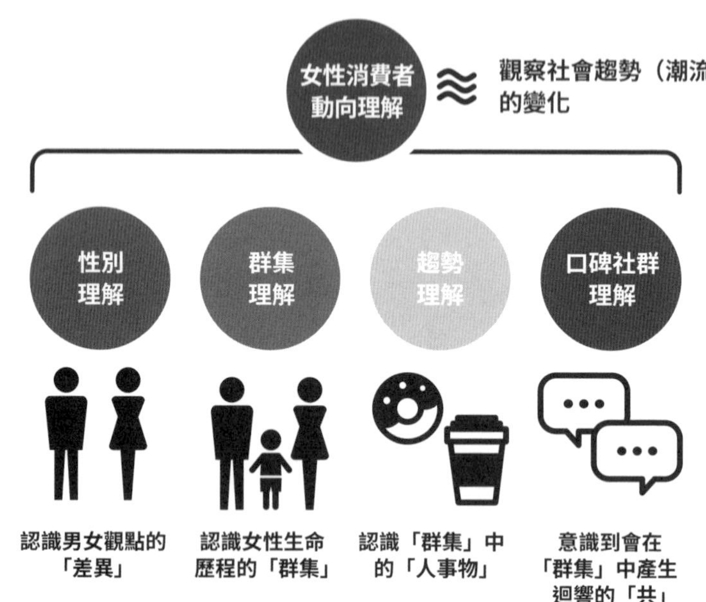

解」這五件事情開始。

如果沒有知識與理解，最終結果就會不一樣。就像身體不適的時候，知道該吃什麼藥的人與不知道的人，康復的程度將天差地別。

以下就來解說「將女性觀點行銷導向成功的五個理解」。

①女性消費者動向理解

理解女性身處的狀況、背景等社會趨勢（潮流）與變遷，以及當下和未來。

②性別理解

男女為何存在如此大的差異？了解男女生物本能上的原因。

③群集理解

女性的價值觀會隨生命歷程上的階段（位置）而異；理解大致上的群集分類。

④趨勢理解

女性在生命歷程上的不同階段（位置），訴求的商品或服務也不同；每個階段都具備其特有的趨勢。

⑤口碑社群理解

理解位在相同階段的女性團體特性；掌握口耳相傳的話題、資訊。

①女性消費者動向理解

請將第一章和第二章所提到的「預測女性消費者身上發生的環境變化與其變遷，以及現在和未來」養成一種習慣。

尤其日本女性在這三十年之間，正以飛快的速度改頭換面，因此若無法充分掌握社會的趨勢（潮流），或是實行女性觀點行銷的專案成員年紀相差很多（尤其是有昭和時代上司的情況），對於女性的印象沒有任何更新的話，將會犯下嚴重的錯誤。

那些差錯恐怕會在不知不覺間，演變成公司存續的危機。這不是在嚇唬各位。**短短三十年前，日本還是一個有很多家庭主婦的國家，但如今已有超過七成的女性外出工作。生活不可能毫無改變**。此外，近年因為推行女性活躍運動的關係，職業婦女的權限獲得提升，也使得女性身處的環境與生活分分秒秒都在變化。

十年前的職業婦女與今日的職業婦女，也已截然不同。參與女性觀點行銷相關專案的成員，最好透過共讀等方式充分理解本書第一章與第二章的內容。

另外，本書提供的純粹只是適用於當前這個時期的資訊而已。女性觀點行銷必須緊盯瞬息萬變的女性消費者動向，同時率先掌握市場的變化。變化速度非常快速。

②性別理解

▽為了避免滅絕，男女擁有不同的腦並互助合作至今

為了實踐女性觀點行銷，在理解「男性與女性感受不同」的前提下推動行銷流程的所有環節，是很重要的一件事。本書序章中提到，希望各位先從「女性觀點行銷質疑傳統行銷」的部分開始，說得更詳細一點，就是希望各位要對行銷中的「認知↓興趣↓購買↓評價」這個消費者購買流程的每一步，都抱持懷疑的態度。希望各位理解男女「共鳴點」不同這件事，而判斷這一切的就是「腦」。

男女擁有不同的腦。購物是通過眼前的視覺訊息傳遞到腦，由腦判斷「愉快」或「不快」以後，再採取行動。

而「腦」也是心。

心不在心臟裡面，真正負責「感覺」的是「腦」。

從遠古時代以來，男性負責狩獵，女性負責採集與育兒，彼此扮演著不同的角色，才延續生命至今。因此男女的腦，會對能夠輕易達成各自目的的方向感到「愉快」，對無法達成目的的方向感到「不快」。

對男性而言，「愉快」就是得到用來捕獲獵物的工具。

男性的成功在於獵物的大小。有能力捕獲大型獵物，養活更多家人的人就是王者。商品就是用來捕獲大型獵物的工具，男性會盡可能追求最高品質、最新款式、最高性能與機能，都是為了多少提升捕獲獵物的能力。

對女性而言，「愉快」就是與家人一同歡笑、大快朵頤帶回家的獵物，把孩子健健康康地養大。

女性的成功，就是看見大家吃得津津有味、一家人和樂聊天和開心的表情，以及獲得慰勞。這些就是她們給自己的犒賞。為了見到這一幕，女性對於商品的要求就是方便自己使用、方便孩子食用、容易清理髒污，或是為了明天做打算，希望能方便保存、方便收納等等。

男性腦注重的是物品本身的等級與性能有多高。

女性腦則會想像使用物品的當下與後續的情境。

用女性觀點看商品或廣告時，女性腦會想像自己或家人實際使用時的情境。若無法讓她們從中看見自己或關係人，廣告就不會奏效。因為若不覺得自己是當事人，就無法產生共鳴。

女性腦的「愉快」，是能夠感受到「幸福」。

一群人待在安全的場所，孕婦、嬰兒、孩童、老人、病人等一起生活。最重要的是每個人都過得平靜安穩。

祈禱丈夫平安，想和家人一起過著充滿歡笑的日子；總是徹底地巡視周圍，檢查房間裡有沒有會被孩子不小心吞進肚裡的危險物品、桌角會不會讓孩子撞到頭等等。想要減少家裡或周遭環境的不安因子，盡可能打造出更舒適的生活，因此她們會收集擺飾、花朵、餐具、桌巾等生活上的各種用品，讓自己的心情更加美好。

女性腦的「不快」，是被團體排除在外。

缺乏力量的女性，會靠著團體行動來保護自己或孩子。

因此平常就會試著與旁人建立良好的關係。關心照料、伴手禮、招待、互相交換有興趣的資訊、聊天……這些對女性來說，全都是重要的生存之術。

▽夫妻的「日常」：丈夫重視自己的所有物，妻子想像自己與子女的模樣

假設夫妻一起前往經銷商購買共同使用的汽車，丈夫說：「內裝我想要高質感的皮革。」帥氣、內斂……他有自己想要獲得的世界。

妻子聽了以後回說：「小孩弄掉零嘴或食物的話，皮革容易髒掉，選擇方便清理的材質或是可替換的座椅吧。而且孩子睡覺時，皮革無法吸汗，也不好清理。」

我在公司聊起這個話題時，有一名員工對我說：「這根本就是我昨天的經歷。為什麼男人在買車時，都不會想到孩子使用的情境呢？我們為此吵了好久。」

「結果呢？」我問。

「因為我老公比較常用車，所以他不肯退讓。最後我們互相妥協，決定再買一組容易清理的兒童專用座椅。如果是我自己要開的車，絕對會採用方便清理的內裝。」她答道。

她在想到自己偏好的設計或材質之前，先想像到孩子使用時，自己要負責清潔的

畫面。當然，她應該也有自己喜好的設計或顏色，但還是會先想像到孩子弄髒的畫面，而且如果是買自己專用的車，她應該也會從方便清潔的款式中，選擇自己喜歡的吧。

丈夫當然也很重視家人，但仍無法放棄皮革內裝。他肯定是選了一家人可以快快樂樂出遊的車吧。不過在他自己的使用場景中，並沒有想像到孩子弄髒以後要負責清潔的畫面。又或許是他認為那是妻子的工作，所以才沒有去想。

女性一旦成為母親，看到任何事物第一個就會想到「孩子使用的情境」。在日常的閒聊中，妻子見到丈夫這種言行舉止，往往會覺得對方「一點也不體諒家人，真是冷漠」。

不過這位丈夫並不算特例，也不是個壞人，這是男女之間非常自然的「腦」的差異。

對丈夫來說，「愉快」是自己開著好車，坐在皮革座椅上的成就感。

對妻子來說，「愉快」是可以與孩子一起舒服地坐車，並擁有一套就算孩子哭鬧或大小便，也能盡量維持「舒適」的裝備，藉此維持行車本身的快樂。

對兩人而言，相反的情況就是「不快」。

▽從收集「男女腦真的不同嗎？」的實證資料開始

「男女有不同的認知」，是我自己在約三十年的職場生涯中實際觀察到的事實。網路上有著大量描寫「男女腦不同」的文章或圖片；相反地，也可以看到許多像是「雖然有談論男女腦差異的書籍，但並未獲得證明」、「那是臆測或謠言」、「毫無根據」或「男女腦沒有不同」等言論。

因此，我們收集了心理學、生物學、行為學、管理學、腦科學等各種領域有關「男女差異」的書籍，希望盡量取得更多證據。

話雖如此，唯獨無法一探究竟的領域，就是「腦」的裡面究竟有什麼？迄今為止的書籍當中，最讓人信服的就是「神經行銷學」（neuromarketing）這個領域。

神經行銷學是從腦科學的立場，測定消費者的腦部反應，以解釋消費者心理或行為機制，並應用在行銷上的一種嘗試。以下就來介紹一小段相關推薦書籍的內容。

《購物腦：向潛意識銷售的祕訣（暫譯）》
（普拉第博士著／Wiley出版）[15] ※摘錄自〈女性腦購物的時候〉章節

幾乎所有人的腦都是相似的。

但有兩個重要的例外。

第一，是腦會隨著年齡增長而變化。

第二，是女性腦與男性腦的硬體配線不同。

（中略）

女性具備優越的「心智理論」能力（鏡像神經元系統），即站在他人立場推測對方心理狀態的能力。女性亦對他人身上發生的事，具有感同身受的能力。男性雖然也有高度運作的鏡像神經元系統，但比起他人的情感，男性身上顯現出來的，更多是像照鏡子一樣重複某種行為的能力。女性天生具有高度的共情能力，以及從他人角度看世界的優越天賦。因此，女性消費者熱愛聽故事，對於了解他人的感受抱有強烈的興趣。

15　" The Buying Brain: Secrets for Selling to the Subconscious Mind "，ISBN：978-0470601778

在很多情況下，都能感受到男女鏡像神經元系統（站在他人立場推測對方心理狀態的能力）的差異。

例如，藝人或名人的話題。

男性有可能嚮往木村拓哉的時尚或造型，覺得他戴的手錶很帥氣而購買，卻不會意猶未盡地談論「好想變成像木村拓哉一家人那樣」或「好想上傳跟家人一起帶狗散步或做菜的照片到 Instagram 上」等等有關木村拓哉妻女的話題；反之，這樣的女性卻非常多。對於自己嚮往的人，女性多少都會連同他的背景，包括其家庭關係或生活方式在內的一切有所「嚮往」，而且「希望能跟他們一樣」。這也是因為，女性會把自己投射在那種「看起來很幸福」的情境中。

二〇二〇年休團的嵐之所以能成為國民偶像，不只是因為有人喜歡櫻井翔、有人喜歡松本潤這種單獨喜歡某個成員的粉絲很多，更是因為有非常多女性說：「我喜歡嵐是因為他們團員之間的感情很好。」

因為，「感情好」會讓女性發自本能地判斷一對夫妻、一個家庭或一組團體是「愉快」的。

名人爆出外遇醜聞時，即便在男性眼中看來只是「搞砸了」、「真笨」或「哎呀，沒什麼大不了的，就原諒他吧」的內容，卻看起來復出無望，就是因為他們在女性觀眾眼中已經形象大傷。女性之所以無法原諒他們，是因為女性會在想像中把自己置換成妻子與孩子的角色。

▽日本國內的調查也有男女腦的研究論文

有一項調查結果的題目為「男女的思考模式有差異嗎?男性腦與女性腦的分析」。這項研究是在二〇〇三年至二〇〇六年的四年間，分析早稻田大學與東京學藝大學男女大學生的思考，每年持續對約一百名學生實施的男性腦與女性腦測驗（《東京學藝大學紀要：自然科學系第五九集》）。

研究主題是，在實現男女共同參與社會這件事情上，假如男女思考模式經確認存在差異，那麼基於真正意義上的男女平等，也該將思考模式（腦的性別差異）納入考量，因而以大學生為對象，調查思考模式的男性化與女性化程度（使用《為什麼男人不聽，女人不看地圖?》中刊載的判定診斷）。

〈男性腦與女性腦診斷〉

・男性化程度高的腦，有較高的空間能力與邏輯性。

・女性化程度高的腦，有較高的語言能力與協調性。

〈見解〉

這項調查顯示，男女的思考模式存在明顯差異。

不過這並不表示男女的思考模式是二分法。男學生表現出男性化思考模式的傾向較高，女學生則有表現出女性化思考模式的傾向。近年來在討論男女平等或多樣性時，容易以人類一概相同的思維作為討論前提，但所謂的多樣性，不應該等於無視不同的傾向。

所謂考量真正意義上的男女平等，是必須在考量每個人獨特的個性之前，先了解男女各自擁有經過確認的明顯傾向，再採取各種對策，否則將會在齊頭式平等之下忽略掉本質性的問題，可能會有對更多人造成損害的危險。

敝公司也做過類似這份報告的調查。我們長年在網站上建置「男女購買行為診斷」，針對三十道題目收集回覆的資料，得到的結果與前述結果十分相似。

敝公司從二〇〇四年至今，已經累計收集十五年以上、超過八萬人份的資料。

〈結果〉

經調查確認：

男性的腦約有百分之七十偏男性化，中間百分之二十，其餘百分之十偏女性化。

女性的腦約有百分之六十五偏女性化，中間百分之二十五，其餘百分之十偏男性化。

所謂的男性腦，是在左腦或右腦之間切換的「左右交互型」；女性腦則稱作「兩腦連結型」。

之所以稱之為「兩腦」，是因為一般來說，女性腦連接左半球（左腦）與右半球（右腦）的胼胝體（神經纖維束）較粗。據說女性因為左右半球連結較順暢，比較容易聯絡，所以較常浮現靈感，屬於憑直覺或感覺來判斷事物的類型。

左腦是掌控語言、事實與論據的腦。

右腦是掌控情感、情緒與感覺的腦。

女性的「愉快」，會將事實與情緒綁在一起，因為右腦與左腦的連結較活躍。

女性的「不快」，是光靠事實或光憑感覺都無法接受的事。

希望各位牢記在心。

▽女性所說的「可愛」都出自讓人聯想到「嬰兒」的要素

女性經常將「好可愛」掛在嘴邊。

最近這種現象也擴散到日本以外的地區。

不知道各位是否注意到，**許多會被形容成「好可愛」的東西，都帶有嬰兒所具備的要素。**

迷你小物或玩偶；頭大身體小的二頭身娃娃、軟嫩的觸感或手感；珍珠或麻糬之類的甜點、Q彈的麵包、寶寶左搖右晃的屁屁，讓人看了不禁浮現微笑；唐老鴨的屁股會這麼受歡迎，也是因為看起來就像嬰兒屁屁一樣「可愛」。

此外，一般都會認為女性比較偏好粉紅色，而粉紅色正是「嬰兒」身上介於紅色到白色之間的漸層色。因為粉紅色是讓人聯想到嬰兒的超級「幸福色」，而且也與心臟、愛心的形象一致。女性會被粉紅色吸引，是因為那是象徵著嬰兒與「幸福滿溢的愛心」的顏色。

女性在本能上是與嬰兒心靈相通的。

嬰兒臉變紅代表發燒，臉變白代表沒有血色，兩種情況都會危及性命。從紅色到白色之間的顏色全都看得一清二楚。女性喜歡粉嫩色系也是因為這個緣故。從肌膚的顏色或便便的顏色等微妙差異就能判讀出身體的狀態。

是健康的臉色、開心的臉色，還是痛苦的臉色，女性從臉色就能辨別寶寶的狀態。對自己的臉也是，女性會每天照鏡子化妝，持續觀察膚色是否暗沉、膚況好不好。女性能夠從臉色或膚色等微妙的色彩變化中，掌握對方的狀態。

女性的「愉快」，是能夠聯想到嬰兒的顏色、質感、形狀、觸感等等。

女性的「不快」，則是一切與嬰兒相反的東西。例如強烈的色彩、堅硬粗糙的質感、坑坑疤疤的感覺、尖銳的銳角等等，讓人聯想到凶器、銳利或危險的要素。

「所有女性都喜歡粉紅色」的說法是錯誤的。

「所有女性在本能上都容易受到粉紅色吸引」才是正確的。

也有很多人會喜歡其他顏色。女性並不是喜歡粉紅色，而是唯有粉紅色是特別的。

▽女性的購物行為就像是在原野上撿拾樹木果實

女性的購物簡直就像撿拾樹木果實的行為。

大家常說：「女性購物很耗時。」

「有時候跟老婆去買東西，她會說：『可以再回去剛剛那家店嗎？』老實說，我真搞不懂那樣的行為。」經常有男性表示無法理解妻子的行為。

為什麼女性的購物會像撿拾樹木果實一樣，東瞧瞧、西逛逛呢？

這也源自於本能上的行為模式。

女性在懷孕、生產、育兒期間，活動範圍會變小。即使在那樣的期間內，她們也能夠自得其樂，就近拾取資訊。就算活動範圍很小，還是知道什麼樣的生活方式不會累積壓力。**女性擅長在極短距離內發現樂趣**。

「那個包包好可愛。」

「妳的耳環好美。」

「妳的指甲很有秋天的風格。」

每天早上進公司，女性就會立刻用這些招呼語開啟話題。大略掃視一遍周圍視野中其他人的模樣，讀取每個人的隨身物品、髮型、服裝或表情。

眼前如果有最新資訊或美麗的顏色就會令她們感到在意，這是女性的特徵。

我在提供超市關於行銷的建議時，會考慮的是**「提供新邂逅的閒逛地點」**而非「目的性購物的商場」。

一個能夠讓人駐足，並且「明明不在計畫之內，卻不小心手滑購物」的地方。有時是「買這個回去給母親吧」，有時是「剛好可以帶去媽媽友的聚會，分送給大家」，於是順手帶走不在計畫之內的東西。

店面對女性來說，就是千變萬化的美麗原野。商品是樹葉、花、樹木的果實。請儘管自信地呈上當季商品或流行趨勢，告訴她們：「現在最美味的就是這個！」

若要用特定詞彙總結男女購買行為的特徵，那麼男性就是 BUY，女性就是 SHOPPING 吧。

・男性的購買行為是 BUY（目的型購入）

有目的性的購物。購物時注重選擇最佳目標商品的探索力，以及確實購買到手的速度。把心力投入在用最佳條件取得高品質、高性能的商品。先自行調查、比較之後，再決定要購買什麼，因此也不大會受到他人的評價影響。

「購物」就像是「獲得戰利品」的行動。

・女性的購買行為是 SHOPPING（遊覽型購入）

喜歡邊逛邊買。同時重視要購買到好商品的理性左腦，與追求「開心」、「快樂」的感性右腦。

因為是來購物的（左腦），所以認為機會難得，想要享受邂逅的感覺（右腦）。經常參考POP廣告或朋友的評價等他人提供的訊息。

期待著「購物＝獲得物品＋邂逅新資訊或商品的樂趣」。

▽女性會使用體內月曆，透過五感享受變遷

女性腦擁有週期性，這與排卵等生理現象息息相關。男性腦在胎兒期就呈現週期性不活化的現象。

女性腦在週期性或左右腦交互運作下，容易產生「焦慮」或「內心動搖」，因此對女性而言最重要的事情，就是能夠「分享煩惱」。

女性會相約在咖啡店聊天、有特定榜樣、有商量對象、在社群網站上分享煩惱、有人在旁邊關照等等，之所以用「分享煩惱」作為關鍵字，是因為這是女性腦本能上追求的中樞「欲望」。

女性的身體也是月曆，即為「月經」。男女都是在十歲前後迎來初潮或初精。從那個時候開始，直到五十歲左右，女性的生理期都會以月為單位進行計算。也就是說，女性體內有著以月為單位計算的月曆循環。

女性會與這個月曆一起度過人生大半的活躍時期。

從生理期前幾天，到進入生理期，女性每個月大約會有十天處在「心情容易起伏」的狀態，因此她們會試著取得身心平衡，尋找或創造能夠振奮心情的樂趣。如果說身體是月曆，那麼腦也會運用月曆來排解壓力。

萬聖節快到了，買些鬼怪道具吧；既然是聖誕節，那就在玄關掛上花圈吧；差不多該預訂生日蛋糕了。

進行自我管理，為日常生活增添樂趣。

令人憂鬱的身體變化會定期造訪，但日子還是得一天一天過下去。自己的事、工

你認為自己平時屬於比較在意季節性活動的人嗎？

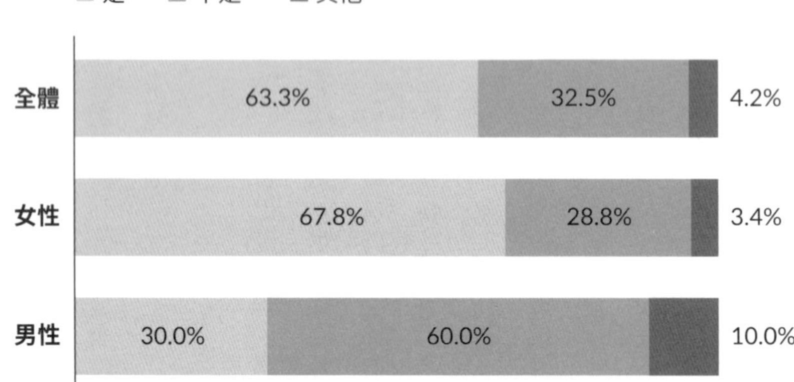

回答在意「是」的女性有67.8%，男性則有30%，兩者竟然相差兩倍之多。

HERSTORY 調查

作、家事、育兒、父母、朋友、鄰居等等，很多事情都令人在意，也令人緊張。

所以要裝飾餐桌、插花、把指甲做得漂漂亮亮的，在日常生活中創造各種瑣碎的活動，轉換心情。因此，女性的五感很發達。

聲音、香氣、觸感、顏色等透過五感吸收的資訊，能夠替她們釋放壓力、自我防衛，帶來好心情與幸福感等等。

嗅覺

用於分辨嬰兒的味道、經血的味道等氣味。水果成熟的味道、烤麵包的味道等等，連懷孕期間聞到食物味道會有想吐的感覺也包含在內，香味是很重要的。

花草茶、入浴劑、芳香劑等，配合自己身心狀態選擇香氣。「好的香氣」是吸引女性的重要因素。請在各式各樣的場所，奉上能讓女性聯想到「幸福」的香氣吧。有時也可以考慮「無香」這個選項。

聽覺

從嬰兒的哭聲辨別寶寶是肚子餓了，還是尿布濕了等等。即使只是夜裡發出一點細微聲響，母親也會很敏感。鳥鳴聲、水聲、樹林聲、風聲、笑聲、煮菜聲、店裡的音樂、上司的聲音、丈夫的聲音，女性時時刻刻都在分辨哪些是屬於「幸福」的聲音。如果察覺到怒吼聲、威嚇聲或危險的聲音，她們就會盡量遠離現場，往有悅耳聲音的地方聚集。

視覺

視覺訊息最頻繁進入腦部。女性眼睛所見的訊息會直接連結到行為。美不美麗、整體協調度好不好、有沒有哪裡怪怪的、視野中有沒有令人不悅的東西、造型搭配得好不好、是否令人興奮、是否新鮮、是否正當季、包裝漂不漂亮、看起來好不好吃等等，能否盡量完整地編輯視覺上的訊息，非常講求讓人「感覺」起來「好像不錯」的編輯力或品味。再好的商品，都必須透過視覺傳達訊息，讓女性覺得自己買了以後會「幸福」才行。

味覺

好不好吃對男女來說都很重要。女性重視食材是否天然，因為自己吃的食物會直接影響到孩子。她們會發自本能地察覺到這一點，因此在有害物質的攝取上，女性比男性更加敏感。為了給過敏的孩子餵奶，母親也會一起限制飲食。為了避免自己吃進口中的東西危害到孩子的未來，她們不僅重視飲食均衡，還會設法讓孩子願意喝奶。為了提供美味的餐點，她們會考量均衡與烹調方式。比起丼飯更偏好便當，比起單點更喜歡拼盤或套餐，就是因為重視「攝取各種食物」這件事。味道、色彩、營養均衡、有益健康、快樂的氣氛，這些要素共同造就出「美味」。

觸覺

以「嬰兒」的肌膚觸感為標準判斷愉不愉快，例如摸起來很「舒服」或「粗糙」等等。對舌頭的觸感、手的觸感、手指的觸感很敏感。像是撫摸肌膚、頭髮、身體的感覺。抱在懷中臉頰相貼時的柔軟度。軟綿綿的、暖呼呼的、肥嫩嫩的、輕飄飄的，這些「彷彿嬰兒肌膚一般」的廣告詞，非常能夠打動女性的心。包括毛毯、化妝品、內衣在內，直接溫暖身體的衣服或食品，是特別重要的觸感。

如上所述，女性從五感獲取各種訊息，並轉換成周遭的樂趣。這也是女性喜歡流行趨勢的原因。

持續留意月曆與五感，並提供最新的資訊，就會讓女性滿心期待地盼望著「接下來呢？接下來呢？」並一再上門消費。

女性的「愉快」，是從五感感受到舒適。
女性的「不快」，是透過五感感受到異樣。

③群集理解

▽別搞錯女性的分類法，按照年齡層分類是不可行的

想用群集概念討論女性時，雖然有F1層（二十歲到三十四歲的女性）、F2層（三十五歲到四十九歲的女性）等按照年齡區分的行銷術語，但這在女性觀點行銷中是不可行的。這些用語開始被廣告業界頻繁使用，是二〇〇五年左右的事。其後的十五年間，女性的多樣化發生了急速的變化，因此如今要一概而論是很困難的事。

如果按照年齡來區分女性，特別是在生產到育兒期間的二十到四十幾歲女性，由於每一個人的生活狀態不盡相同，因此若一概而論，將構成很嚴重的誤判。

女性可以用興趣、生活型態或對設計的偏好等取向進行分類，不過主要可以從以下三種狀態去區分，分別是是否受雇與受雇型態、未婚或已婚，以及是否有小孩。

這些狀態會對女性帶來壓倒性的影響。希望各位能夠要求所有相關專案成員都明

確理解，傳統行銷中草率而膚淺的F1、F2分類法在女性觀點行銷中是不可行的。

女性有生育期，必須在特定期間內做出「何時、何地、和誰、怎麼做」的判斷。這個時間點可能會與職場上最鬥志高昂的黃金期相衝突，進而構成壓力。對女性而言，結婚、生產、育兒是不得不比男性更在意「期間」的重要事件，也是她們人生中最關心的主題。

傳統行銷並未對這種女性心理有深入研究。不知道是不是我個人的偏見，總覺得人們之所以會有用「年齡」來概括女性的習慣，是因為男性觀點的下意識運作，再加上容易意識到年輕女性，而用「年輕、不年輕」這種分類法來區分女性。

在此想先針對女性觀點行銷解說一些相關「用語」，以利後續的說明。

・生命歷程

女性所經歷的人生之路，即稱作「生命歷程」。人生大事的選擇結果、職業與家庭結構，都會大幅影響生命歷程。

・人生階段（位置）

生命歷程中某段時期的里程碑與身體變化，造成身心變化或價值觀等隨著階段變化的人生所在位置。

・群集（團體）

在生命歷程（職業、家庭結構）與人生階段（年齡、世代、身心的里程碑）等交叉點上具有一定特徵的集合體。

・人物誌（具有特徵的擬人化人物）

將屬於某群集的女性特徵擬人化，描繪出該人物像的長相、服裝、所有物、生活姿態等等（以插畫或形象照等繪製）。

・人生大事

構成人生轉機的事件。就業、結婚、生產、轉職、離婚等人生選項。

・生活型態

群集的屬性、價值觀、生存之道、生活習慣、人生觀、宗教觀等等。在經營人生上的想法或判斷標準，或表示行動方針之意。

敝公司每年都會根據人口普查資料，公布女性分類報告《HERFACE》。在二〇一六年版中，我們請到《生命歷程行銷》（日本經濟新聞出版）一書的監修者，學習院大學經濟學院企業管理學系青木幸弘教授，協助製作六種生命歷程分類，與「二十一人的人物誌」。

2021年度版 女性人物誌分析報告《 HERFACE21 》的封面。

二〇二一年版則新增獨家調查，將十五歲以上的女性進行分類。這項調查是針對實際處在相同階段的女性進行多次訪問與修正後才完成的。就我所知，目前只有敝公司將「日本十五歲以上的女性」進行分類並製作出人物誌（若有其他人物誌，還請務必告訴我）。

▽認識六種生命歷程的分類法

生命歷程大致上可分成六種類型：

①Single（就業、無子女）

②Single Mother（就業、有子女）

③DINKS（雙薪、無子女）（double income no kids 的縮寫）

④DEWKS（雙薪、有子女）（double employed with kids 的縮寫）

六種生命歷程

生命歷程名稱	特徵：市場容量推估條件	2015年家戶構成比	2020年增減趨勢
①Single（就業、無子女）	女性單身戶 ①未來會結婚，但目前單身 ②一輩子單身 ③經歷離婚或喪偶，目前單身；即使有子女也沒住在一起（子女已獨立）	21.0% 8,399,916戶	↗
②Single Mother（就業、有子女）	單親媽媽戶 ①沒有結婚就懷孕生產，目前單身；與子女同住 ②曾經結過婚，但目前單身；與子女同住	10.1% 4,045,073戶	↗
③DINKS（雙薪、無子女）（double income no kids 的縮寫）	雙薪無子女，或即使有子女也未同居的家戶 ①雙薪，刻意不生育 ②雙薪，無子女 ③雙薪，有子女但並未同居（子女已獨立）	10.4% 4,139,823戶	↗
④DEWKS（雙薪、有子女）（double employed with kids 的縮寫）	雙薪且與子女同居的家戶 ①雙薪且與子女同居	22.4% 8,940,627戶	↗
⑤Sahm'ers（家庭主婦、有子女）（stay-at-home moms 的縮寫）	家庭主婦且與子女同居的家戶 ①家庭主婦且與子女同居	12.1% 4,822,243戶	↘
⑥SINKS（家庭主婦、無子女）（single income no kids 的縮寫）	家庭主婦，無子女，或有子女但並未同居的家戶 ①家庭主婦，刻意不生育 ②家庭主婦，無子女 ③家庭主婦，有子女但並未同居（子女已獨立）	6.1% 2,449,344戶	↘
其他	丈夫未就業，妻子就業／夫妻皆未就業等等	17.9%	
	合計	100%	

計算方法：人口普查、就業狀態等基本統計、針對家戶的家庭類型（十六區分）別一般家戶數及家戶人數中的單身戶與核心家庭戶，由 HERSTORY 進行統計。

⑤Sahm'ers（家庭主婦、有子女）（stay-at-home moms **的縮寫**）

④SINKS（家庭主婦、無子女）（single income no kids **的縮寫**）

有些丈夫會說，妻子在婚前與婚後、生產前與生產後，彷彿變了個人似的，但這也是女性真實的一面。

女人形象較突出的時期、母親形象較突出的時期、妻子形象較突出的時期、女兒形象較突出的時期……為了維持平靜的生活，**女性會改變自己的責任與角色，走過各個生命歷程**。

就像同樣是二十五歲的單身女性，有人可能展現出女人的面貌，積極參加聯誼尋找戀人；有人卻可能結了婚，在前一個月剛生下孩子，一整天幾乎都是母親的面貌。

女性會指著同樣身為女性的人，說出「裝可愛」這種用詞，意思就表示同為女性，在看到對方的面貌之後，就知道「她現在正在討男性的歡心，故意表現出可愛的一面」。

女性能夠像這樣看出同性「現在正展現什麼面貌」。女性的「面貌」千變萬化，甚至可以從氣氛、服裝、態度、聲音或姿勢中看穿對方的模樣。

女性會依目前**處在哪個生命歷程、哪個群集、哪個階段**，而有該時期特有的煩惱、焦慮、不滿等壓力。

解決這些「不快」的商品或服務，就是開發的線索。

請容我再次確認，各位是否清楚知道貴公司的女性顧客是什麼樣的人？希望大家都能試著掌握到她們正處在「哪個生命歷程」的「哪個群集」的「哪個階段」的「哪種人物誌」，而非只是「三十幾歲的女性較多」這種表述。

假設橫軸是生命歷程的話，縱軸就會是年齡，但正如前文強調的，女性不能光用年齡區分，所以縱軸不會是一直線，而是斜的。

比方說，如果有一段因為想要孩子而積極備孕的「期間」。無論是發現有困難、成功懷孕，甚至是懷上第二胎、第三胎，育兒期間都有可能因此消失、縮短或變長。

女性會因為懷孕、生產，而度過一段需要使用自己身體的生活，所以不像男性可以簡單地以年代或年齡來概括而論，她們有著一段連自己都難以隨意控制的模糊「期間」。

所以女性才會**對「相同境遇」的女性產生共情**。

「共情」的意思是「同理他人」。

即使對公司的員工說「要站在顧客的立場思考」，但若是顧客狀態與自己不同，也很難完全理解對方的心情。

假如是女性顧客的話，所謂「站在顧客的立場思考」，重要的就是理解對方的狀態，換位思考並積極溝通，盡量讓對方產生「你懂我」的共情。為了做到這一點，當務之急就是理解女性的群集分類。

女性的「愉快」，是對方理解自己的狀態，了解自己。

女性的「不快」，是對方不理解自己的狀態，不重視自己。

▽母親群集的趨勢，用孩子的年齡來區分比較快

現在去參加幼兒園的運動會，看到二十幾歲的爸爸與四十幾歲的爸爸一起跑步，並不是什麼稀奇的事。由於高齡產婦日益增加，因此如果以母親年齡來區分群集，會很常出現預料之外的狀況，尤其是育兒中的母親。

因此，很多時候**用孩子的年齡來區分群集，會比較簡單明瞭**。例如：嬰幼兒的媽媽、學齡前兒童的媽媽、學齡兒童的媽媽、國高中生的媽媽。

像這樣召集受訪者進行團體訪談的話，年齡的差距大約會在十歲左右。假如有

兩、三個小孩的話，以老大的年齡為準即可。這麼一來在群集調查時，母親的年齡差距才會是最小的。

「Aeon Style 豐田」這家位於愛知縣豐田市的綜合超市，為了「以當地顧客的生活來設計店面」，曾趁著二〇一七年重新開幕之際，請來一群居住在當地的女性，盡可能聽取並實現她們的意見。當時的井上良和店長特別堅持的，是設計出一家「對媽媽與小孩友善的店」。

學齡前兒童的媽媽團體，針對美食街的設備提出了意見：「推嬰兒推車去的時候，必須把推車放在餐桌旁邊，因此沒辦法空出手來，媽媽都不能好好地吃飯。」此外，也有人從媽媽的角度，提出具有參考價值的意見，說寶寶跟媽媽面對面時比較不會哭鬧。

於是「笑咪咪吧檯桌」就誕生了。這是一個在吧檯桌上挖洞，把寶寶放進去，與家長面對面坐著用餐的設計。

另外，還有人提出這樣的意見：「如果有兩個小孩的話，沒辦法讓他們都坐進購物車裡。」於是他們又設計出了可以一人坐著、一人站著的兩人用購物車。除此之外，由於當地是豐田汽車的大本營，因此汽車經銷商也承租下店內部分空間，推出豐

Aeon Style 豐田

田汽車的購物車，非常受到孩子歡迎。

以上兩者皆迅速在 Instagram 和社群媒體上傳了開來，最主要是因為地方媽媽們的意見得到回應，所以參與的媽媽們也一同幫忙宣傳。媽媽去購物、爸爸在等待期間與孩子面對面吃飯的畫面也很常見。後來這種吧檯桌陸續被導入其他店面。

▽母親群集在女性之中也具有突出的消費力行為

「母親腦」的消費力行為，即使在女性之中也是超群出眾的。

誕下生命後啟動的動物性本能，會令她們採取獨特的行為。不僅是人類，大多數的哺乳動物應該都是這樣的。無法對任何人說明。她們會成為一種壓倒性的存在。

用六種生命歷程來說的話，就是以下這三種：

② Single Mother（就業、有子女）

④ DEWKS（雙薪、有子女）

⑤ Sahm'ers（家庭主婦、有子女）

若排除高齡人口，「母親群集」中的女性就會是成年女性人口中占比最大的團體，因此在談論女性觀點行銷時，絕對不能忽視她們的觀點。不過母親群集中，存在著一個當過母親才能了解的世界。

不曾當過母親的人，就算透過學習試圖理解，仍有一定的極限。

當過母親的人經歷過身體上的變化、疼痛、內心動搖以及育兒生活，因此有一個世界，是只有母親之間才能夠互相理解的。

假設養育一名孩子到高中畢業的話，母親群集大約是十八年。若有兩、三個孩子，這樣的生活更會持續到二十五年左右。

因此，她們的生活將持續承受來自環境的龐大壓力。

母親群集最關心的事情就是保護孩子，讓孩子遠離危險。

各位或許會想，男性也會成為父親，但從懷孕期間到生產、哺乳為止的身體與精神上的變化，只會發生在女性身上。所以很抱歉，「母親」這個領域是誰也無法踏入的特殊世界。

步上母親生命歷程的女性，會以驚人的速度追求資訊與知識，以保護心愛的孩子遠離危險。生到第二胎、第三胎時，因為母親從經驗當中學習，所以會稍微變得游刃有餘。即使如此，世上沒有一模一樣的孩子，性格、性別、能力、個性、體力等等，都會因人而異。

必須繃緊神經，從其他媽媽或前輩那裡獲取資訊。個案研究是唯一可靠的方法。母親群集的橫向連結就是這樣建立起強韌的羈絆。此外，與娘家媽媽的連結，也會一下子變得緊密起來。

同樣都當過母親的母女，會因為孫子女而組成強大的NO·1媽媽隊。

母親群集的購物五花八門。舉例來說，看看推著嬰兒推車的媽媽好了。她們不僅會讓小孩坐在嬰兒推車上，還會掛著好幾個大型背包，座椅底下的置物籃裡也堆著行囊。

俗稱媽媽包的大型背包裡，有牛奶、熱水、果汁、零食、毛巾、安撫玩具、面紙、尿布、換洗衣物、圍兜、上衣、屁屁濕紙巾、藥物等等。然後還有自己要喝的飲料、當天晚餐的食材等等，隨身物品的數量非常驚人。

雖然爸爸抱著孩子推嬰兒推車的模樣也很常見，但負責準備外出背包的往往都是媽媽吧。

給媽媽看的雜誌或媒體上，充斥著媽媽之間共同分享的知識。雜誌文章中刊載出許多人的一週行程表，大家各自分享自己如何有效率地安排一天的時間。

例如家有嬰幼兒的職場媽媽日常。

即使幼兒園的接送是爸爸媽媽分工合作，但與園方聯絡、準備上學物品、對老師表示感謝之意、幼兒園活動、與媽媽友交換資訊或維持關係、平常生病或看醫生、打預防針等等，媽媽隨時都在注意孩子所有的狀態管理。

如果是在職場第一線工作的媽媽，一旦忘記重要的事情或手忙腳亂，就會對自己的能力不足感到懊惱。即使爸爸主動說「我來幫忙」，媽媽有時也會對「幫忙」一詞感到煩躁，因為媽媽認為育兒應該是兩個人的事。

儘管有愈來愈多男性樂於當家庭主夫，但會注意到日常生活中看不見的瑣碎家務的還是女性。

《叫不出名字的家事為什麼怎麼做都做不完?!無名家事圖鑑》（梅田悟司著，時報出版）[16]、《丈夫不知道的家務清單（暫譯）》（野野村友紀子著，雙葉社）[17]，市面上也愈來愈多這種書名的家事育兒類書籍。

16 『やってもやっても終わらない名もなき家事に名前をつけたらその多さに驚いた。』，ISBN：978-4763137784

母親群集會透過同由媽媽組成的人際網路收集驚人的海量資訊，購買並管理大量的物品。每天進行時間管理，妥善處理好自己、孩子、家人以及與周圍人群的關係。

敝公司有位媽媽員工曾這麼說：

「就算孩子在半夜哭鬧，老公還是睡得不省人事。當我不知道該如何讓寶寶停止哭泣時，就在X（舊名Twitter）上用主題標籤尋找家裡有相同月齡寶寶的媽媽，以獲取資訊。社群媒體不曉得救了我多少次。」對母親群集來說，有人理解自己是很重要的支持力量。

母親群集的「愉快」，是能夠共享煩惱的環境。

母親群集的「不快」，是無法共享煩惱的環境。

▽對母親群集行銷，就是要正視她們的辛勞

在針對母親群集的行銷中，最重要的一件事就是要正視她們的壓力，有時即使只是一句「辛苦了」或「妳還好嗎」，也能讓人心情放鬆下來。

17 『夫が知らない家事リスト』，ISBN：978-4575314892

妻子：「我從早上開始就有點肚子痛。」

丈夫：「去看醫生啊。」

如果只說這麼一句話，妻子聽了有可能會不高興。

雖然站在丈夫的立場，會覺得自己提供了最佳建議，但聽在妻子耳裡，有可能會覺得：「難道不能先關心地問一句『妳還好嗎？』真是冷血。」

母親群集的日常，就是隨時承受著壓力，不僅是自己的事情而已，還必須應付大大小小的事。

她們會做出減緩壓力的選擇與行動。如果丈夫說的話令她們感覺壓力沒有得到正視，她們就會不爽。

她們對於企業的廣告或X（舊名Twitter）上的發言也很敏感。

一旦感到不快，很有可能會發起拒買運動等等。因為她們一方面想盡快將不快訊息告知同為母親的人，以抒發內心的不快；另一方面則是不想讓身處在相同狀況的朋友，也感受到自己所感受到的不快。

拍廣告最好起用母親群集看了會覺得有共通點的女藝人，如此比較能夠產生共情。起用與母親毫無關係或環境截然不同的女藝人，試圖吸引她們購買，她們是不會產生興趣的，只會覺得「因為她沒小孩才能那樣」或「她根本不懂嘛」，再說她們也沒時間去關心另一個世界，所以會直接關上心門。

對母親群集來說最重要的，是別人能理解她們的難處或辛勞。想要被人理解、被人認同。透過訊息或話語說出她們的心情，應該要比推銷商品更加優先。

儘管母親群集是女性消費者中最大且最強的一股力量，卻往往離行銷的世界很遙遠。

針對母親群集開發商品或服務時，一定要指派處於相同狀態的監督人員或女性員工。

母親群集的觀點，是所有消費者中最為嚴格的。

商品雖好，但觸感不對；觸感雖好，但重量不對；重量雖好，但顏色不對；顏色雖好，但廣告不對……

針對母親群集的行銷，就是要從最初到最後的環節，都納入母親的觀點。在沒有母親參與的狀況下設計出來的商品或服務，會因為一個小小的障礙而受挫，比如賣不好之類的。

母親群集的「愉快」，感到自己被人理解。

母親群集的「不快」，感到自己不被理解。

④趨勢理解

▽不同群集「偏好」的趨勢也不一樣

不同群集的女性，共鳴點也截然不同。

必須先充分思考，想要讓哪個群集的女性得到幸福才行。

配合群集的特性，融入「今年流行的」或「掀起話題的」趨勢感也很重要。

如果是男性的話，通常會有喜歡最新款式的傾向；但如果是女性的話，只要**在消除某段期間的煩惱或不安的物品**上，加入季節或趨勢等時機，例如「這個時期就該選這個」、「這種心情就該使用話題熱議的這個」、「我早就想買這個了，春天就要選櫻花色」等等，就算不是最新款式，也能激起她們的購物欲。Instagram 美照就是最好的例子，比方說有人會說「水果芭菲」或「剉冰」等甜點、色彩鮮豔的景點或時尚打扮很「上鏡」，並拍下來分享，但很多商品都是以前就存在的東西或經典品項。

此外，隨著社會環境變遷或狀況不同，需求也會改變。

比方說，「在新冠疫情期間，頭髮一直沒整理，變得毛毛躁躁的」（社會環境與身處的狀況）↓「想要可以讓頭髮變得柔順光滑的吹風機」（解決煩惱或不滿的商品）↓「可以同時拉提肌膚的吹風機是當前最熱門的話題，我也想要一台」（趨勢）。

女性也會為了不被同一個群集團體排擠而消費某些東西。也就是為了不離開「群體」而消費的概念。

舉例來說，在春天入學典禮的季節，小學生的媽媽之間會討論「在典禮上不突兀的衣服」。所謂「不突兀的衣服」，指的就是適合那個場合的衣服。然後其中還有「今年流行的顏色」或「今年流行的款式」。對女性而言，所謂的趨勢就是掌握「群集內的評價、符合目的性、當季感」。

就拿冠婚喪祭的服裝來說好了。男性只要準備西裝、領帶、襯衫等基本款即可，但女性卻必須具備整體組合能力，要懂得搭配髮型、髮飾、妝容色調、口紅濃淡、指甲顏色或光澤、絲襪顏色、包包形狀與大小、戒指設計、鞋子顏色或款式等等，以求搭配出適合那個場合的得體裝扮。

再說到挑選禮金袋。禮金袋也要依照對方的形象去挑選，看是要現代感的設計，還是有華麗花飾的，或者是選擇女主角喜歡的顏色，連挑選禮金袋都要去考量對方，因為這也關乎自己的評價。

二〇二〇年聖誕節時，敝公司某位三十幾歲的單身女員工說：「我發現今年在Instagram 上有個現象，就是愈來愈多人上傳看起來很時髦的純白蛋糕照片。上傳那些照片的人，估計都是單身女性。而上傳裝飾著鮮艷的紅色草莓、水果或動物的蛋糕照的，全部都是媽媽。」

一查之下才發現，那款純白蛋糕原來是由7-11便利商店，與很受年輕女性歡迎的居家服飾品牌 gelato pique 聯名推出的聖誕蛋糕。雖然7-11跟 gelato pique 的組合很令人意外，但如果是以吸引年輕世代的女性為目的的企劃，那麼他們的著眼點應該算是很成功吧。這裡的重點是「年輕女性」、「單身」、「人氣品牌」以及「今年限定」等要素。

就拿蛋糕來說，單身女性與有子女的家庭，在設計、顏色、形狀、酒精等材料上的選擇都會有所差異。

女性會因群集不同而有不同的選擇標準。很多時候，那可能是其他群集絲毫不感興趣的事物。

有一次去拜訪客戶時，客戶說：「我們正在舉辦女性員工的商品開發試吃會，要不要一起參加？」於是我便順道參與。

現場找來了二十名左右女性員工，想聽取她們對於「可以簡單做出美味炸物的油炸粉」的容量與包裝的意見。

開發負責人說明商品特性後，便開始提問：「要用什麼容量販售比較好？請從眼前的三種之中挑選一種。」「喜歡哪個包裝？請從眼前的三種之中挑選一種。」

結果大家選擇的容量與包裝都不一樣。

負責人喃喃自語道：「難道詢問女性也沒有意義嗎？」這讓我著實嚇了一跳，因為他們找來的二十人雖然都是「女性」，但有單身的二十幾歲女性，有已婚的三十幾歲女性，也有結束育兒生活的五十幾歲女性。

一名女性說：「我家有兩個讀國中的兒子，會互相搶食物。考量到食量大的他們，份量是我最在意的決定因素。」二十幾歲的單身女性則說：「我一個人住，所以在家都不用油。況且油炸容易弄髒家裡。雖然我舉手選了少量的類型，但我自己應該不會購買。如果真的要買，最近我都選擇國產小麥的。」

換句話說，只是「詢問女性」的話，豈止是沒有意義，根本就是大錯特錯。左圖是按照不同群集中，較具特徵的人物誌來劃分「家事」的圖例。雖然大家很容易會概括論定「忙碌的女性希望縮短家事時間」，但其實不同的人物誌，對於縮短家事時間的看法截然不同。

對於單身女性來說，省時消費的重點是「打掃（直立式吸塵器）」，而體驗消費是「購物（便利商店與網路）」，尋求的是新商品。

對於職場媽媽來說，省時消費的重點是「洗衣」、「購物（網路超市）」、「打掃（掃地機器人）」。「料理」位在正中央。會透過採買現成小菜來節省料理時間，但考量到家人的健康或營養，內心會對自己沒盡到母親的責任感到愧疚，這就是「料理」位在正中央的原因。運動會或生日派對等活動是為了彌補平日的虧欠，而想要好好地準備，所以也位在「體驗消費」的那一側。

家庭主婦的省時消費是「打掃」，位於正中央的是「購物（超市）」。便宜對家庭開支來說很重要。體驗消費的部分有「料理」。如何用最少的金錢做出美味又美觀的食物，考驗個人的廚藝。

家事無法概括而論，不同類型有各種不同的看法

家事感是效率化或舒適化，會依看法的不同而改變。

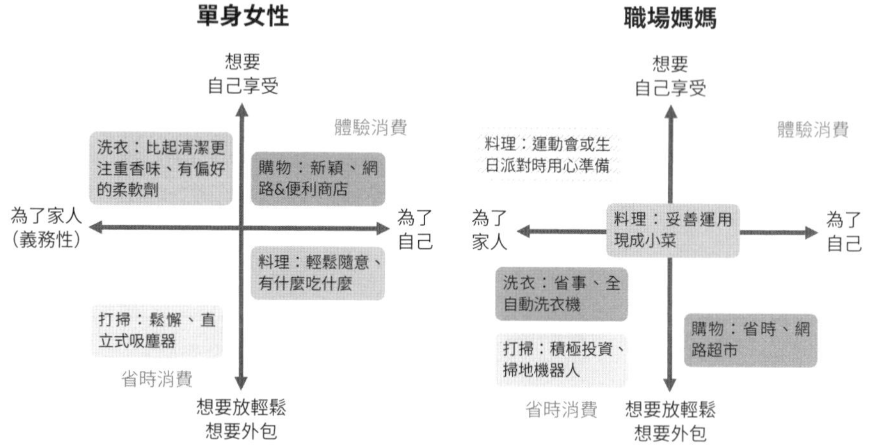

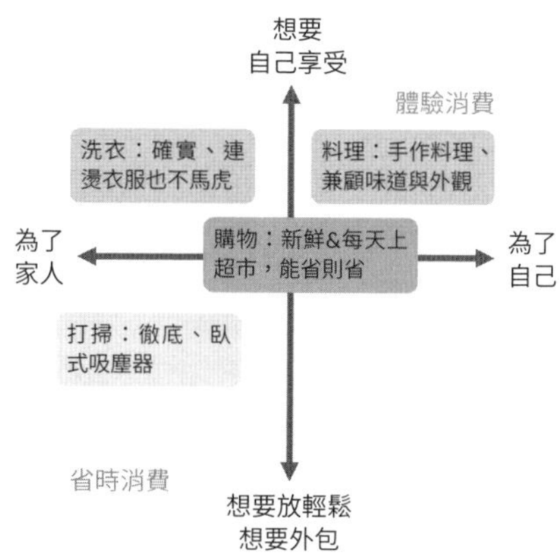

> **節省時間的同時，「沒有在偷懶」的感覺很重要。**
> **外包、交給別人處理，表示「懂得運用的自己很聰明」。**

省時消費＝投資（購買機器人家電、多功能家電，對智慧家電有興趣）、用錢解決、判斷迅速。
體驗消費＝生存價值（每天打掃、愛用清潔劑或小蘇打粉、注重清潔健康與安全、不偷懶等等）、資訊。

即使一律統稱為「省時消費」，還是會分成購物、料理、打掃或洗衣等各式各樣的內容。不同群集之間，看法也大不相同，因此在製作商品時，最好要知道那項商品是為了解決哪個群集的課題，重點要擺在哪個功能上，或是宣傳時要強調哪個功能，這些都會帶來很大的差異。

▽趨勢，是由群集會產生「共情」的資訊推送領導者所點燃的

第三章提到女性會受到「女緣」影響，但無論時代如何變遷，女性的趨勢都是受到同群集內，讓人產生「共情」的資訊推送領導者影響才成為話題的。

在昭和和平成年代，以模特兒或藝人最具代表性，隨著年齡從三十幾歲、二十幾歲再到十幾歲，Instagram 網紅、YouTuber 等在網路上具有傳播力的女性趨勢領導者的存在感就愈強烈。

舉例來說，看 MYNAVITEENS 網站可知，在女高中生之間最有影響力的網紅排行榜（二〇二〇年十月），第一名是佐藤諾亞，第二名是莉子，第三名是 Michi，三人都是模特兒。

她們的化妝品、時尚、飲食、思考方式等，所有的一切都讓人想模仿。

目前三十幾歲的女性在青少年時期，應該受藝人濱崎步、安室奈美惠等人影響最深吧。最近蘿拉和長谷川潤等人也很受歡迎。影響四十幾歲女性的模特兒則有梨花、蛯原友里、押切萌等人。五十幾歲、六十幾歲的則是富岡佳子、黑田知永子等人。

想要掌握女性的趨勢，當然得掌握影響那些女性的趨勢領導者所推薦的商品，但除此之外，掌握她們的生活型態和價值觀也很重要。

不管是網路也好，雜誌也罷，女性媒體都會不斷搬出某某人的名字，例如「某某人的生活方式」、「某某人的廚房」、「某某人的育兒術」等等。從那某某人的領域中，去留意與自己公司有關的商品或服務領域的專業人士所推送的資訊，就能逐漸看到趨勢所在。

舉例而言，如果保險公司「想要舉辦職場單身女性的理財講座」，就可以參考《日經 WOMAN》等以職業婦女為導向的媒體所報導的理財企劃標題或雜誌書等特輯的標題，來設定活動名稱或安排內容。

如果有預算的話，可以從接近那些階層的人物誌會閱讀的媒體中，尋找出現在上面的人（趨勢領導者），委託他們提供商品或建議。追蹤者多的人會有自己的原則，不喜歡單純分享商品廣告。因此，不妨從開發階段就邀請對方參與，在開發過程中就透過社群媒體等管道推送，勾起追蹤者的興趣。

從開發過程就開始接受訊息的追蹤者，也會有一種親自參與開發的模擬體驗感。在開賣的當下，會因為覺得自己是當事人而立刻將商品搶購一空，同時也很容易產生主動幫忙推銷的加乘效應。

對女性而言，「愉快」是貼近心中嚮往的女性趨勢領導者的生活。
對女性而言，「不快」是看不見自己憧憬的生活型態或生存方式。

⑤口碑社群理解

▽女性之間的口碑會在團體內互相交換資訊的過程中逐漸擴大

女性喜歡「口耳相傳」。

理由正如本書所述，因為女性喜歡團體行動。我自己將女性的口耳相傳行為，命名為「口碑社群」，並在二〇〇二年出版《口碑社群行銷（暫譯）》（朝日新聞社）[18]一書，

18 『クチコミュニティ・マーケティング』，ISBN：978-4022577733

登上了暢銷排行榜。

那本書後來連同《光靠口碑就讓顧客增加一百倍！（暫譯）》（PHP出版）[19]等書在內，推出一系列作品以及文庫本，直到十九年後的現在依然有人購買，甚至到了今天還會遇到讀者對我說：「那本書是聖經。」「我深刻地記得那本書帶給我的衝擊。」

前陣子也有人在一場商談中對我說：「我心想『啊，不會吧！』就去書架上翻了一下，唯有那本書我捨不得丟掉，妳該不會就是那本書的作者吧？」令我既感動又高興。在廣大的出版市場中，能夠被人記住已經是一件很值得感恩的事了，由此可見，當時有關女性與口碑的書籍是多麼震撼人心的新穎題材。後來我將「口碑社群」註冊成商標。「口碑＋社群」是女性類似群集的場域。也就是她們擁有各自的煩惱或課題，並會互相幫忙解決的概念。

如今社群媒體已變得理所當然，女性會用社群媒體來溝通，但在撰寫《口碑社群行銷》那本書時，女性才剛開始喜歡寫部落格而已，點閱藝人部落格的女性也急速增加。

書中提到「網路只是工具而已，女性喜歡的其實是口耳相傳。早期是聚在井邊聊天，後來通訊方式從電話、書信、部落格演變到社群媒體，不過女性對於口耳相傳的

19　『クチコミだけでお客様が 100 倍増えた！』，ISBN：978-4569640969

喜好始終沒有改變」，那本書匯總了我眼前所觀察到的眾多女性行為與現象。

一九九〇年，我在廣島市創業。那是一個沒有網際網路，也沒有「女性活躍」一詞的時代。為了創造讓女性聚集在一起的機會，我同時創立了行銷事業與女性社群。社群採會員登錄制，針對女性舉辦活動、講座、讀書會、派對等等。最初的會員是利用傳單或報紙廣告，從三百人左右開始，但短短不到半年內，即便沒進行任何廣告宣傳，人數卻來到了一、二千人的程度。這是因為，會員會和朋友口耳相傳。

女性會呼朋引伴前往自己喜歡的場合，這一點無論是當年或現在都沒有改變。現在更是今非昔比，透過網路可以將資訊傳達給更多人知道。「爆紅」一詞也廣為流傳，口耳相傳變成了一種強而有力的媒體。

我從當時的體驗中學習到——**「其實只要真心誠意地投入心力在提供感動與喜悅上，顧客就會自動自發幫忙宣傳，這就是女性的口耳相傳。」**

從那天起，這件事就成為我重要的中心思想。

女性往往歸屬於多個社群，例如地方性的、親朋好友間的、興趣或才藝上的，還有職場的社群等等。

一旦發現任何自己覺得「好」的資訊，就會立刻告知自己所屬的社群成員。**女性喜歡令人開心的事物，並且會想讓其他人也有同樣的經驗或體驗，以共同分享那種心情**。渴望與人共享自己的體驗或產生共鳴。

傳達資訊是與生俱來的助人本能。無論好消息或壞消息，都想儘快公告周知。不管是喜悅的事還是痛苦的事，都要互相分享，建立起強韌的連結。女性經歷的人生大事愈多，地緣等禮儀性的社群也會增加。不管自己喜不喜歡，都會與旁人建立起關係，比如親子會、親師會、公婆或父母、兒童才藝班的老師、幼兒園或托兒所的老師等等。**一名女性在真實的生活中，無論自己喜不喜歡**，都要與人實際見面往來，同時活用網路進行溝通，以維繫關係。目前已有報告指出，新冠疫情導致女性失去實際生活中的溝通場域，只能透過線上會議對話交流，長久下來陷入萎靡不振的狀況比男性更為常見。

對於女性，請採取重視溝通場域的行銷。

女性的「愉快」，是能夠獲得於社群中生成的相互資訊。

女性的「不快」，是沒有社群、孤立的狀態、無法接收資訊。

▽十五年前的口碑社群網站案例與後續發展

在十五年前，二〇〇五年，我出了一本名為《粉絲網行銷（暫譯）》（Diamond社）[20]的書。

我在這本書中強調：「女性消費者與企業建立起更直接的連結，是很重要的一件事。」對女性消費行為的認識愈深，就會愈清楚地看見，在某些建立連結的方式底下，女性會跨越單純的「顧客」關係，逐漸變成類似夥伴或代言人的角色。

我注意到女性的一項特徵，就是她們一旦變成夥伴或代言人，不僅會自行購買，還會在某些溝通方式下，逐漸變成忠實使用者，主動分享資訊，以口耳相傳的方式替企業傳教。

當時配合出版社的考量，書名採用淺顯易懂的「粉絲網」，不過在我心中，這和「口碑社群網站」是同義詞。

書籍的副標題是「企業粉絲將靠著網路上的『口耳相傳』愈來愈多！」，而書腰上寫著「企業與顧客建立雙贏關係」。

20 『ファンサイト・マーケティング』，ISBN：978-4478530375

我從當時就想傳達的理念是，希望與女性消費者攜手「共」同前行的商業模式。書中刊載的企業幾乎都是我親自前往採訪。當時雖然也有很多行銷人看完沒什麼感覺，但二〇一二年時，雀巢為了擴大辦公室的需求，以雀巢咖啡品牌大使為名推出廣告，相信這讓許多人認識了「品牌大使」一詞。

在那之前，敝公司內部並無品牌大使這種說法，我們過去是根據「散播口碑種子的人」的形象，稱呼那些自發性幫忙口耳相傳的人為「播種者」。如今則是品牌大使一詞更為貼切。

二〇〇五年出版時，書中刊載的企業社群有無印良品的網路社群（現在的「良品生活研究所」）、倍樂生公司的女性公園、istyle 的 @cosme，以及日本亞馬遜等等。

至今已經過了十五年，如今書中記載的那些企業日後的成長，相信讀者也是有目共睹。從無印良品的案例來看也能知道，企業與消費者之間建立連結，已經超越單純的溝通範疇，包括商品的開發、改良或優化在內，社群中的會員扮演著許多角色。

花費漫長時間與顧客建立起關係的企業，不僅令人敬佩，也讓我們知道這些方法絲毫沒有錯。

當時讀者在亞馬遜等網站上寫的書評中，也有一些很嚴厲的意見，像是「那是大企業才做得到的事」、「如今企業社群網站已經過時了吧」等等，不過我想傳達的重點並不在於過時或新穎，而在於與女性建立關係的重要性。女性是複雜多樣的。

無印良品推出的海外旅行用護照夾，很適合拿來當子女才藝班的學費分類袋。像這樣在媽媽之間傳開以後，銷量也隨之成長。

女性慧眼獨具，提供了與廠商當初設計的用途截然不同的觀點。

「愉快」或「不快」必須詢問女性才知道，而要採取這種解決簡單問題的方法，網路是非常有效的管道。

如今也有社群媒體了。我再次翻閱書籍以後更加確信，傾聽女性消費者的聲音並向前邁進，是多麼重要的事。

關於當年採訪過的網站，我想就官方網站上可讀取的範圍，在此揭露目前包含數據資訊更新在內的情況。

無印良品的網路社群「良品生活研究所」 https://www.muji.net/lab/

這是愈來愈活躍的無印良品，與顧客「共」同進行商品企劃、優化的網站。目前依然觀察得到商品會參考網站會員意見逐步優化的現象。

舉例而言，無印良品不僅有拖鞋的改良、背包的改良、書桌的商品開發等由企業方提出的企劃，網站上也可以直接看到顧客提出要求說：「想要好看的指甲銼刀。」「我很在意三角瀝水籃的衛生，所以想要有自立式的垃圾袋。」

對於那些要求，無印良品會收到「讚」或評論，之後如果採用那些意見的話，還會顯示出「討論中」或「已完成」，讓顧客知道目前的進度。

顯示為「正式發售」以後，還會連結到商品販賣頁面詳細介紹，如此一來光是瀏覽網站，也會產生一種「太好了！」的感覺。

我覺得很厲害的一點是，他們從頭到尾都給人一種隨時與會員「共」同進行開發的印象，並且還公開中間的過程。

舉一個例子，在「拖鞋的檢討企劃」中，他們用問卷調查了大家對於使用拖鞋的場合、頻率、需求，並公開結果。之後又多次準備拖鞋的試作樣品，委託會員擔任樣品測試員在家試用（寄送測試商品請人使用）。再將會員的意見、感想等所有回饋公開在網站上。

在當年的採訪中，據說會員有七成是女性，三成是男性。

無印良品粉絲應該不僅對商品的簡約風很有共鳴，對於這種與顧客「共」同邁進的姿態也很能夠產生共情吧。

女性觀點行銷的目標並不是幫助企業發展為大型公司。

十五年前我採訪過這些企業，如今還能看見他們的「現況」，我感到很開心。我們可以看見這些企業不僅重視顧客的聲音，還展現出主動貼近顧客「共」同邁進的姿態，即時汲取意見，迅速給予回饋。或許就是這樣的過程，才讓他們成功贏取顧客的信賴。

無論公司規模大小，都要「側耳傾聽顧客的聲音」。

而且在那些顧客之中，還有一群八成購物都是為了別人的女性。

女性會自發性地採取分送商品給別人的購買行為，而面對這樣的一群人，沒有道理不讓她們成為自己的夥伴吧。

女性的「愉快」，是有人願意傾聽意見並持續主動關心。
女性的「不快」，是沒人傾聽意見、聽了也沒有回饋、不主動關心。

▽口碑社群的關鍵是「學、遊、事、交」

敝公司從二〇〇一年開始提倡口碑社群行銷，至今依然為許多「企業與女性的溝通」提供建議。近年來，即使不架設大規模的企業社群網站，光運用社群媒體也能夠充分與女性進行溝通交流。

此處我想針對我們為了經營口碑社群，在設計上最重視的「學」、「遊」、「事」、「交」四個切入點進行說明。

這些都是經營社群時不可忽略的切入點。

「學」，意即能夠獲得生活資訊的內容

對於必須得對日常生活的方方面面保持關注的女性而言，有人提供與生活相關的「學」的資訊，是非常令人開心的事。舉例而言，如果是販售麵包的網站，可以提供讓麵包更美味的吃法等食譜，或挑選麵包的方法、聰明的保存方法等等。

「遊」，意即令人期待的內容

例如占卜、遊戲、抽籤、贈品、抽獎、禮物、點數加倍。只要有一點點令人期待的小事，她們就會感到非常開心。一來可以轉換心情；二來，對於忙碌的女性而言，能夠擁有讓心情短暫開朗起來的時間，是非常大的救贖。

「事」，意即賦予任務

女性總想要對人做出貢獻，例如對新商品發表意見，或是擔任試吃員。她們也會幫忙徵詢周遭友人的意見、口耳相傳或寫在社群媒體上宣傳。

「交」，意即準備交流的機會

女性渴望傾聽其他女性的經驗、煩惱，並產生共情。如果有人跟自己擁有相同的煩惱，就會想知道對方是怎麼解決的。喜歡的偶像、夫妻、戀愛、育兒、料理等等，話題永遠聊不完。

經營社群網站或粉絲俱樂部時，若能意識到以上這四個要素，女性的參與意願就會提高，而且不僅不容易離開，還會介紹給更多朋友知道。

女性的「愉快」，是能夠在社群中獲得「學」、「遊」、「事」、「交」。

女性的「不快」，是無法在社群中獲得那些資訊或體驗。

案例

「咖啡洗衣店」的學、遊、事、交

最近，隨著職業婦女的增加，以往所想像不到的、作為某種「場域」的咖啡店也愈來愈多。

比方說投幣式洗衣店。尤其隨著住在公寓大廈的核心家庭增加，愈來愈多家庭無法輕易在陽台晾曬大型棉被或毛毯。即使滾筒式洗衣機或浴室附有乾燥功能，還是很難在家清洗家人的大型用品，因此近年來投幣式洗衣店的女性使用者迅速增加。

為了讓女性能夠更舒適地打發時間，裝潢時尚的投幣式洗衣店也愈來愈多。在有如咖啡店一般的空間裡擺上雜誌、販售洗衣用品等雜貨，甚至提供 Wi-Fi 設備，讓人可以一邊工作一邊等待衣服洗好。與二手交易平台應用程式「Mercari」合作的洗衣店也增加了，衣服洗好後可以直接在「Mercari」完成上架的流程。以投幣式洗衣店為據點，一站式完成很多事情。

這樣的地方會在很短的時間內，透過年輕女性或媽媽們的口耳相傳，變成聚會場所。

GROUND LEVEL 是一家專門企劃「咖啡洗衣店」的公司，他們鎖定地方老舊建築、住宅區或零售店的一樓重新改造，對於地方的據點營造貢獻良多。

店裡會設置營業用的時尚洗衣機。由於還兼設了咖啡店，因此要在收銀台付錢。提供精心設計過的飲料或輕食菜單，以咖啡店來說也充滿樂趣。

放置洗衣機的空間稱作家事房，裡面設有大桌子、熨斗、縫紉機等工具，附近的熟面孔都會聚集在這張桌子的周圍。

地方媽媽們陸續舉辦麵包教室、裁縫教室等活動，在這裡製作的商品也能夠在店內販售，如今儼然成為地方上時髦的民營公民會館，從高齡者到上班族等各式各樣的人都能活用這個空間，輕鬆地在這個場所進行交流。

這裡具備充分的「學、遊、事、交」。

「學」，即以地方女性為中心，發揮類似文化教室的功能；「遊」，即化身可一邊享受茶飲、點心、輕食，一邊談笑的咖啡店，另外也有豐富的雜誌或雜貨，有時還會舉辦音樂會等活動；「事」，即有機會成為指導別人的角色，例如縫紉機的使用方法、燙衣服、文化活動的邀約等等，可以自發性地與當地人互動；而「交」就存在於這些過程中，不僅是店員與顧客互相打招呼說：「你好嗎？」「好久不見。」顧客之間也會在這聊天交談，不知不覺結交到更多當地的朋友。

其後，「咖啡洗衣店」逐漸成為滲透各地的地方交流據點，目前正受到各界關注，並蔓延到超市、住宅區等各種地方。裡面一定也會聚集一群熱心的家庭主婦。「可以呀。」「我會從家裡帶過來。」「交給我們吧。」「我來幫你。」等等對話能夠自然而然發生的「場域」，在接下來的時代應該會有更多需求吧。

女性的「愉快」，是能夠聚集在有學、遊、事、交的場所。
女性的「不快」，是前往只有物品的場所。

▽讓女性觀點行銷成功的「共創」心態

本章已進入尾聲，我想在「口碑社群理解」這個篇章告訴大家的，大概就是要時時刻刻珍惜地維持女性與企業之間的「共創觀點」。

也就是與女性顧客「共」同「建立關係」。建立關係的方法應該有很多種，多管齊下的設計也很重要，女性會在各式各樣的情境下尋求接觸點。

每種情境下都有「愉快」與「不快」。為了確認所有情境下的「愉快」與「不快」，並破除其中的障礙，女性總希望別人能聽聽自己的意見。

若有人能傾聽自己的意見，而那個意見多少有被對方拿去活用的話，她們就會感到非常開心。「如果能夠幫助到別人」，她們就會積極地「共」同參與。

女性觀點是以「自己和自己以外的人們」為對象。女性觀點是希望透過自己的眼睛，試圖讓周遭的人們開心。對行銷人來說，沒有比她們還令人感激的存在。

致力於女性觀點行銷這件事，可以打造出對兒童、高齡者還有男性都友善的社會。那些觀點，是身為日常「生活與活動」主角的她們才會擁有的意見。

看到商品、服務、廣告、資訊或別人的臉色，女性會瞬間「察覺到」以下「六快」與「六不」。

六快：舒服、自在、可愛、漂亮、時尚、喜悅

六不：不滿、不安、不足、不便、不快、不利

以網站為基礎的女性觀點行銷概念圖

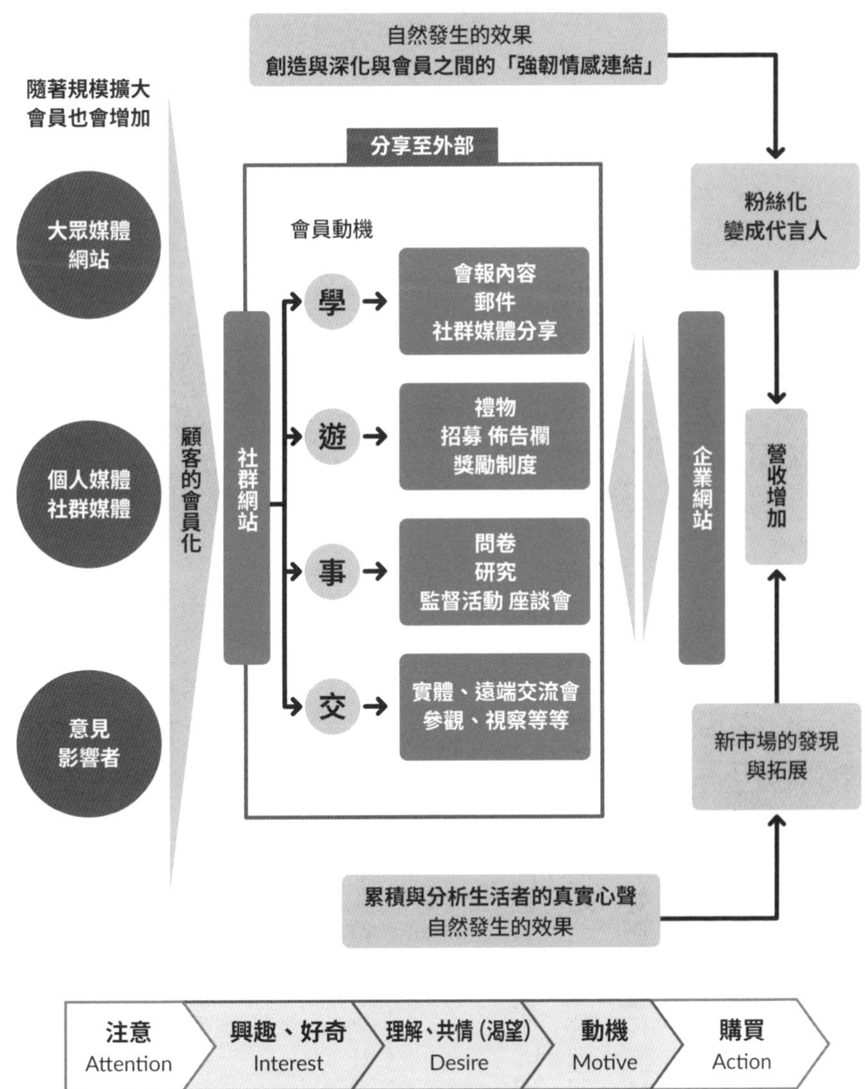

對於女性來說，目的從來就不是勝過競爭對手，或取得最新款式。而是這個對誰有用？這對孩子好嗎？這個東西年邁的母親可以用嗎？等等的觀點。如果答案是肯定的，她們不僅會購買，還會再次光顧，並且因為受到感動而口耳相傳；如果答案是否定的，她們不但不會購買，更不會再次光顧，並且會將問題點口耳相傳（讓大家知道哪裡不好）。

在女性觀點行銷中，重要的應該是努力嘗試的心態，積極推出能夠符合她們社會性觀點標準的商品或銷售。

比起大量製造新產品，改善以前的商品也很重要。

方便性、重量、形狀、空間、音樂、設計、服務等等，每個方面都有「愉快」與「不快」。女性會試圖瞬間掌握這些現狀，發現「這裡對年長者很危險」、「這裡嬰兒推車無法通過」、「這個萬一被孩子放進嘴裡就糟糕了」等要素。她們是驅使五感與第六感，用全身來感受的感應器。

女性的「愉快」與「不快」，在日常生活中的所有情境中都是不可或缺的。

若能活用女性觀點，那麼對地方友善、對育兒友善、對老年人友善、對外國人友善、對男性友善，以及多樣性的意識與行動，勢必都會在社會上蔓延開來。

企業藉由與女性消費者溝通所獲得的價值

與女性消費者溝通可以獲得許多好處。
女性會因為企業採納自己的意見而提高忠誠度。

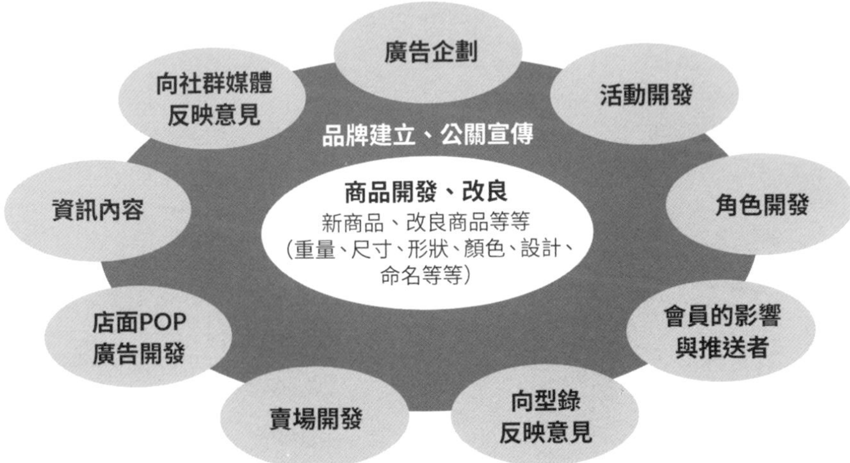

女性的「愉快」，是替眾人帶來愉快。

女性的「不快」，是無法替眾人帶來愉快。

第六章

女性觀點行銷的實踐訓練

女性觀點行銷的實踐分成六個步驟

我想讓所有人都理解並實踐女性觀點行銷。

女性消費者確實很複雜，很多事情只有當事人自己明白，即使如此，我還是覺得如果每個人都能理解，並將這種體貼他人的「共」的心思推廣出去，社會應該會變得更友善。

我希望能讓許多人成為女性觀點行銷的實踐者，讓新的觀點與新的價值觀更為人所知。本章要介紹的，就是具體的執行層面。

在此我要以更實踐性的角度，結合行銷流程，將女性觀點特有的部分分成六個步驟進行介紹。

首先，行銷流程分成以下六個步驟，跟一般行銷流程的架構大致相同。請回想一下我們在第四章、第五章學到的內容，然後跟著這些步驟一步一步前進。

①設定目標↓為了誰

②收集資訊↓尋找共情者
③顧客洞見↓尋找共鳴點
④企劃立案↓提高體感與實感
⑤品牌建立↓傳遞幸福
⑥宣傳推廣↓用口碑思考

①設定目標↓為了誰

▽設定「為了誰？」

為了誰？賣什麼？如何製作？這些問題要事先與相關專案成員進行充分討論。

從「我們有這樣的技術，要不要運用看看呢？」或「我們有這樣的產品，不知道能不能應用在什麼上面呢？」等產品導向開始切入也沒關係，但必須徹底思考，其中的功能或要素「會讓誰感到高興」。

「用自己擅長的事情來解決某人的困擾」。

最好在設定目標時，充分討論這件事。在這個階段，對於「誰」的設定可以是複數。步驟①只要做到這個程度即可，接下來我們要進入更重要的②以後的步驟。

②收集資訊→尋找共情者

「用自己擅長的事情來解決『某人的困擾』」。

找找看那個「某人」是哪些「共情者」吧。進行當面訪談、對象群集的問卷等等。

若以業界的市場容量、市場規模或店面來說，像商圈內人口等資料可以從任何管道取得，因此它是必要的基本資訊。

不過女性觀點行銷中更重要的是「能讓誰產生共情」，能不能夠找到那個「誰」，並讓他們對「共情點」產生共鳴才是關鍵。

尤其現在如果無法透過社群媒體等管道創造「共情」，商品就賣不出去。目的性購物的商品，在亞馬遜或 Mercari 上要多少有多少，連最低價也都查得到。

為了獲得真正的支持，需要掌握顧客的實際狀態，光看數值或資料是無法察覺的。前文已經多次強調，在女性觀點行銷中，光是群集不一樣，興趣、焦點與趨勢也會完全不同。如果一心想著「為了大家」，沒有人會產生共情。

不曉得對象是「誰」的時候，最快的方法就是思考「為了自己」。

很多新創企業都是從自身的體驗或經驗出發而創立的。

「六個共」中介紹到的 Soup Stock Tokyo、汀恩德魯卡等企業，都抱持著「製作自己認為好的東西」的強烈原則與意志，不受周遭的意見左右，並珍惜與眾多顧客之間的緣分。

暢銷商品「源於自己的經驗」是最強的。

如果自己有強烈的信念，親身站在「誰」的位置，對那個信念產生共情的群集，也有可能成為最初的顧客。在思考顧客的立場之前，試著把「自己或自己周遭的人」想像成顧客，盡可能置換成自己的立場去收集資訊吧。

▽直接訪談對象群集的女性

每組女性群集都有著截然不同的價值觀，因此在直接訪談的環節，千萬不能有所懈怠，隨時都要抱持著**「顧客的事只有顧客才知道」**的心態。當顧客形象不只一種時，一定要詢問多組群集的女性。一項假說是否成立，基本上只要多問幾組，大概都會得到答案。

在我個人的經驗當中，與我不同群集的人的發言，總是能令我茅塞頓開。跳過這個環節就進行商品開發或販售的企業，我覺得非常可怕。

募集顧客進行團體訪談等活動時，有的人會侃侃而談，有的人相對沉默，因此我們會觀察非言語的反應。無論是話題或表現出來的樣子，我們都很重視，觀察她們會在哪些地方做出什麼樣熱情的反應，像是發出「哇」、「啊」等讚嘆聲、高興地拍手呼應等非言語反應或表情等等。

如果只閱讀訪談記錄，會遭遇嚴重的失敗。

女性的洞見（潛在的購買欲望）有很多是無法僅靠文字得知的，得透過非言語訊息才看得出來。解讀言外之意的能力很重要。要盡量在受訪者的附近觀察她們表情與反應，注意對方對哪些關鍵字或話題有反應、反應的程度如何，還有周圍的女性又作何反應，以及群起呼應的方式。

執行團體訪談時，最好事後再進行一次個別訪談。女性善於附和他人，因此也有可能在團體對話中，顧慮到別人的心情而表現出深有同感的態度。她們有可能口頭上會說：「我也覺得很好。」「我跟她的想法相近。」但事後才坦承：「其實有一點不一樣，只是我不好意思說。」我們必須看穿她們是真的深有同感，還是只是附和大家，表現出同感的態度而已。

此外，詢問多名女性意見時，可能大家的意見南轅北轍。此時最該參考的，是接近顧客形象的人所提供的意見。熱烈程度或語感也很重要，一個人愈是積極地表示：「我現在就想要那個。」或「什麼時候發售？」代表對產品愈有興趣，而不是「那樣也可以吧」或「有的話就會用」。認為絕對會有幫助或絕對會想要的女性，是什麼樣類型的人？請先專注在這一點。

▽掌握洞見（潛在購買欲望的核心）的提問方式

最近的顧客諮商案例中，有愈來愈多關於員工培育的煩惱，例如「員工對顧客沒興趣」或「無法讀懂別人的心情」，尤其在電商相關的事業領域特別多。

諮商內容是：「顧客屬於中高齡層，員工則有很多年輕人，工作時一直戴著耳機，休息時間又彈性交錯，所以午餐也一個人吃。就算個別向他們搭話，他們也都沒什麼表情，反應很冷淡。我該如何指導他們，該怎麼做才能讓他們學會讀懂顧客的心情呢？」

二十到三十幾歲的人，是很習慣數位工具的世代。從社群媒體上的表現可以解讀出微妙的訊息。善於透過表情符號、插圖或照片去「感受」，但由於面對的是數位訊息，因此視線都集中在智慧型手機上，不會透過表情或反應與人溝通，所以即使與人面對面，他們也不大能掌握對方的心情。

不過數位工具只是工具而已，我們是活生生的人類，每天過著真實世界的生活。無論使用哪一種資訊工具，從收到商品到開箱、取出、使用、評價，這一連串的流程都會真實上演。

如果不有意識地準備與顧客直接面對面的機會，就無法得知顧客的真實心聲，結果將導致服務不夠到位，接連流失顧客。對於顧客來說，什麼才是重要的？唯有培養出能夠持續掌握潛在購買欲望核心部分的人才，企業才能夠長久經營下去。

以下舉例說明如何透過顧客訪談來掌握洞見。

〈洞見訪談範例〉

顧客：「我喜歡黑色的外套。」

採訪者：

NG：「是喔，因為黑色很好搭吧。」（不可擅自斷定）

OK：「為什麼偏好黑色外套呢？」

顧客：「因為不用煩惱要選哪件衣服。」「幾乎都以黑色為主。包包跟鞋子也是，穿搭起來也很輕鬆。」

採訪者：

NG：「我懂，同樣顏色的話，直接換上就可以出門了。」（不可表示意見）

OK：「妳喜歡可以輕鬆挑選、搭配的，對吧？」（重複對方的話進行確認）

「那只要輕鬆的話，就算不是黑色也可以嗎？」（確認是手段還是目的）

顧客：「這個嘛，因為我負責跑業務，有可能直接去拜訪客戶，所以會注意不要給對方失禮的印象，才選擇最保險的黑色。以及，我不曉得如何在短時間內搭配其他的顏色或花紋，選擇黑色就算品味不好也可以矇混過去吧。」

採訪者：

NG：「妳果然是想要看起來很有品味吧。」（對方並沒有提到「有品味」）

OK：「意思是說，妳希望早上起來可以一下子就挑到適合自己的服裝，搭配出很有品味的穿搭，對嗎？」（對方的理想似乎是想在短時間內得到有品味的穿搭。進一步確認需求程度）

顧客：「那樣當然再好不過了。我希望讓人留下有品味的好印象，但一來自己做不到，二來光用想的就覺得很麻煩，所以才會一直穿黑色。」（確認黑色是手段而非目的）

只要像這樣在個別訪談中深入探討下去，就能逐漸看出以下的潛在心聲。

購入的物品（購買）：黑色外套
顯性需求（理由）：容易搭配其他服飾
洞見（心理）：想在短時間內穿出自己理想形象（好印象）中的整體造型出門
機會（潛在需求）：真正想購買的東西不是黑色外套，而是①可以在短時間內挑選好②有品味的穿搭

如此一來，就很容易湧現新的提案構想。

若以這個範例來說，或許就能提出新的服務構想，請本人事先用照片傳送體型與五官，由人工智慧造型師從公司的電商網站中搭配好外套、上衣、裙子、包包、首飾等整體造型，提供給本人確認以後，再自動將那些商品成套寄送給顧客。

如果系統能夠準備多組整體造型，連同其中的交換穿搭組合也一併提案的話，就能將本人的購買記錄與偏好的傾向也數據化。這樣一來，或許就連冬天推薦的整體造型都能事先提案了。

實際上，類似的服務已在網路上應運而生。

洞見並不是那些說出口的話，掌握到沒說出口的言外之意或情感，才能看見本質。為了掌握本質，提問者不能憑著一己之見發言，或做出預設立場的誘導性提問。希望各位務必在公司兩人一組練習這套「洞見訪談」。即使是員工與員工之間，也能夠發現身旁夥伴不為人知的真心話。

▽「好可愛」、「好漂亮」不等於「我要買」、「我想要」，女性其實是超級現實主義者

「好可愛」、「好漂亮」是女性最常掛在嘴邊的話語，尤其是跟其他女性在一起時，使用的次數更是頻繁，其中又分成發自內心這麼覺得的情況，還有為了跟對方建立關係的情況。

女性總希望自己是「好人」，是「不被對方討厭的人」。所以會用充滿善意的話語附和對方，例如「我懂我懂」、「沒錯沒錯」、「好漂亮」、「好時尚」、「好可愛」等等。

如果在賣場聽到這番話，就欣喜若狂地想，她是不是很喜歡這個？她會不會掏錢

購買呢？那可就大錯特錯了，女性是遠比男性嚴格的現實主義者。

如果應該購買的理由不夠吸引人，她們是不會掏出錢包的。

即使要買也要有個藉口。為了避免事後後悔，還會在腦中計算「這個蛋糕再吃一塊會不會胖？但今天不吃晚餐就可以了吧」，買了這個東西就不買那個東西。試圖說服自己「這樣應該沒有吃虧吧」，想要肯定自己的購物行為。

女性要決定「購買」，需要有「可以解釋的理由」。

在女性媒體的廣告詞中，很多都會採用「現在必買」的推銷話術。換句話說，就是用「現在買這個準沒錯」的說法來推她們一把。同時也隱含著之前的已經退流行了，或是妳還沒有就落伍了的意思。

女性最在意「其他女性的眼光」，不願意被貼上「沒有品味」的標籤。

如果廣告詞寫著「這個夏天，就決定是這雙運動鞋了」，她們就能在腦中自行推敲「代表我現在的運動鞋已經退流行了吧，要是不買今年最新款的運動鞋，就會顯得我很落伍」。

女性想要有「購買的理由」。雖然心裡其實想要做夢，想要成為夢想中的自己，

但實際上卻是對生活負有責任的消費領導者。購物是在保護自己的生活，只想購買確定可以讓生活變好的東西。女性就是如此嚴格的現實主義者。

所謂的「好東西」不是高機能、高品質，而是完全以「自己目前的現實生活」為起點來思考。當被問到「妳有沒有這樣的情況？」時，能不能夠產生共情，有如當事人一般很有興趣地答道「有！我就是這樣」，才是一切的出發點。接著再展示出同樣立場的女性在購買前與購買後的經驗或實例，告訴她們「妳的生活會比現在更好」。如此一來，將更容易將她們引導至「購買」的階段。

女性雖然看似衝動購物者，實際上卻會用遠比男性更貼近日常生活的嚴格眼光來判斷事物。

③顧客洞見→尋找共鳴點

▽**買的人是誰？製作人物誌（象徵性的人物像）**

關於顧客的形象，公司內部有多大程度的共同認知呢？

如果只是召集女性員工，互相談論「女性（我）喜歡這樣的」、「女性（我）不喜歡這樣的」的話，恐怕會造成很大的誤解。

重要的是掌握顧客的形象，而非「女性（我）」。方法之一就是製作人物誌。

正如第五章提過的，**人物誌是「面具」的意思，也就是將代表性的顧客形象視覺化**。

不管是小說、動畫或戲劇，都會在一開始就設定好登場人物的性格等角色特性。有「這種人」的模型存在，故事就更容易描寫。

尤其是女性消費者，正如前文所強調的，她們的價值觀會依所處的狀況不同而產生很大的差異。因此即使同為女性，還是會有很多無法理解的事，單身或已婚、有沒有子女，價值觀也會截然不同。而男性看不見的地方更多。因此，最好先將女性顧客的形象語言化與視覺化，讓大家都有共同認知以後再開始推進工作。

有一次，一名美髮店老闆向我諮詢：「我們的客群中有很多中高齡女性顧客，但員工多是年輕男女，所以會出現聊天聊不下去的問題。」當時我請對方完成的作業，就是製作人物誌。

在製作人物誌的作業中，專案成員為了要理解顧客，必須一邊討論顧客形象，一邊將具體的形象語言化與視覺化。

共同討論是很重要的環節。幾乎所有案例都會藉此察覺到，彼此之間的認知落差有多大，可以知道每一個人對於顧客的認知差異。

首先，要大量採購接近顧客形象的女性雜誌。值得慶幸的是，女性雜誌是依據不同顧客的群集分類來出版的。沒有比這更方便運用的教科書了。

從思考**「哪些雜誌的讀者群與我們的顧客形象相符」**開始。最近有很多女性完全不看女性雜誌，而男性員工或許有很多人根本連碰都沒碰過吧。這裡不需要在意雜誌賣得好不好，只要把那視為理解顧客用的教科書即可。運用語言化與視覺化的女性雜誌，可以十分有效率地理解顧客，因此非常推薦。拿來與男性雜誌對比就更明顯了。

將顧客群與女性雜誌讀者群結合，就能透過女性雜誌看見顧客的生活。由於也有很多女性雜誌的讀者群是重疊的，因此也很推薦大量採購不同的雜誌。

不曉得哪本女性雜誌與顧客群相近時，不妨參考雜誌銷售網「富士山雜誌服務」（Fujisan.co.jp）來選購，上面有列出女性的年齡與關心的類型等資訊。

要將人物誌語言化，得先用文章寫下自己構想的顧客形象。比如家庭結構、本人年齡、丈夫或子女的年齡、居住地、公寓或獨棟、汽車的車種、存款、年收入、嗜好、感興趣的事情、社群媒體或媒體的使用等等，一邊討論「我們的顧客好像有很多這樣的人」，一邊進行語言化。一方面連結到為什麼這樣想、過去的案例、問卷、顧客寫的信、營收排行等資料，一方面盡可能將有根據的顧客形象語言化。

當多名員工一起進行作業時，若能從各個部門帶來各種經驗與體驗，更能夠收集到具有可靠性的資訊。此外，當公司內部資訊不足時，只要上網輸入地區、年齡或職種，就能查到平均年收入等資訊。如今只需要一支手機即可馬上查詢，因此員工分工合作收集資訊，也不失為一個培養團隊力的好方法。

跨部門溝通也很重要，部門之間能共享資訊，或發展出這樣的對話：「話說回來，顧客諮詢室接到很多這樣的電話。」「是喔，我都不知道，真意外。」

語言化逐漸定調以後，就從雜誌當中挑選與內容相近的照片。

「我們的顧客有很多人穿這種衣服吧。」「對對對，就是這種感覺的人。」大家一邊討論，一邊從雜誌中逐步篩選，並剪下符合顧客形象的照片。臉部照片、時尚、像俱裝潢、化妝品、飲食、雜貨、旅遊等等，盡情地想像顧客的生活，並將剪下來的照片貼在大張模造紙上做成拼貼畫。

大家一起動手，一邊對話一邊完成視覺化的工作，將能使後續的新商品開發、宣傳、促銷活動的顧客形象保持一貫，且方向性不易偏移。相關成員一起花時間去理解顧客，也會成為一大收穫。

此外，由於雜誌是按照狀態別、群集別的分類進行編輯，因此對於不同群集的女性員工或男性員工來說，這些彷彿來自另一個世界的特輯，也很容易令人感到衝擊。很多人會意外發現「我沒看過這種雜誌」或「原來有人對這種事有興趣」。

尤其是針對媽媽客群的時尚雜誌裡會有很多子女或丈夫一起登場的畫面，但男性時尚雜誌卻沒有家人的畫面、抹去生活感等等，對於母親群集以外的員工而言，不僅是在比較男女雜誌的內容，還能接觸到許多未知的資訊。

購買女性雜誌，用剪刀或漿糊製作拼貼畫的作業，如今看來或許是很原始的方法，不過這種真實的體驗，有助於讓人親身感受到「站在顧客的立場」、「掌握顧客的需求」是怎麼一回事。

希望各位能夠重視這段思考顧客的時間。

▽人物誌不是一個人，思考主要、次要、第三

「我們的顧客形形色色。」

「我們的顧客男女老少都有。」

很多時候我們聽完這些話再進行分析，會發現客群像是兩個駝峰一樣，三十幾歲的女性極端突出，其次是六十幾歲的女性。

女性的暢銷商品會像年輪一樣，從女性擴散到其他女性，因此會建議製作兩、三個顧客形象的人物誌。

女性顧客人數大部分都會分為主要客群、次要客群、第三客群，呈現兩到三座山的分布型態。在製作人物誌的過程中發現，母女之間口耳相傳其實是很常見的事。

主要人物誌是購買某項商品最多的群集層，次要人物誌是受到該群集影響的次要群集，第三人物誌則是更外面一層受影響的群集，大家可以把女性顧客想像成像年輪蛋糕一樣往外擴散的形象。

主要人物誌是二十幾歲女性的話，次要人物誌是五十幾歲女性（母親層）的情形很常見。

人物誌要考量到主要、次要與第三群集

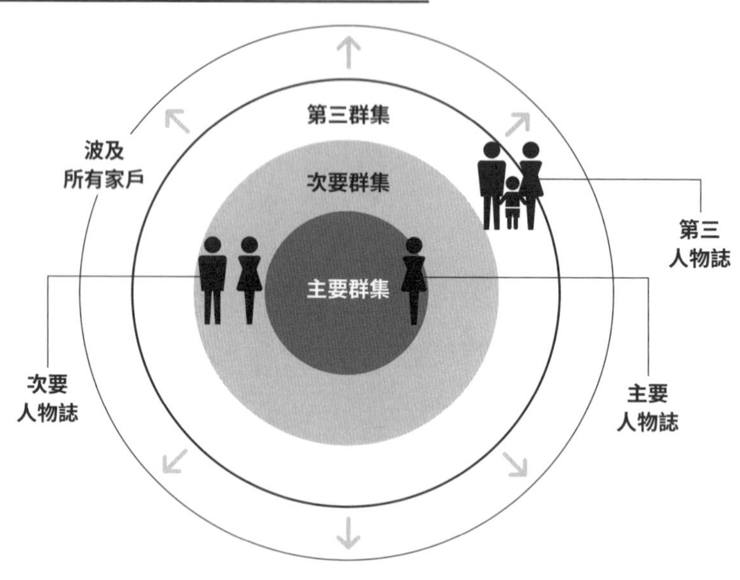

群集像年輪蛋糕一樣往外擴散。

詢問購買小型車的女大學生：「妳為什麼選這台車？」有時會得到這樣的回答：「為了媽媽跟我可以一起開。」「按照我跟媽媽的喜好挑選的。」女兒的選擇標準是什麼？母親的選擇標準是什麼？然後兩人共通的選擇標準是什麼？像這樣挖掘下去，找到共通需求一致的部分，再以此作為宣傳的焦點，就能夠擴大接近兩個市場的可能性。

另外，假如難以親自製作前文提及的群集與人物誌的話，建議參考敝公司編製的《HERFACE21》（二〇二一年版）來理解全體女性。這是鎖定日本國內全體女性市場製作而成的

人物誌地圖，適合快速且俯瞰式地掌握全體女性。

④企劃立案→提高體感與實感

▽成為對人感興趣且能夠掌握「情感」的女性觀點行銷人

女性觀點行銷有一點很重要的是**「對人感興趣」**。

企劃立案時講求的技能應該是「察覺別人心情的敏感度」。不管社會再怎麼數位化，都不能缺少讀取「人的情感」的能力。豈止如此，在科技當道的現代生活中，「感受人的情感的敏感度」反而才是更難能可貴的技能吧。

待在家裡滑滑手機就能購買任何東西，也可以跟遠方的人們對話。人工智慧愈來愈接近人類。人類的情感應該也會被解析並運用在科學上吧。即使如此，我們還是不能忘記購物是出自人類意志的行為。

「想要購買」、**「想要擁有」是出自於人類的情感**。無論說幾遍「Alexa，播放今晚推薦的音樂」，想要擁有它的依然是人類。所以我們必須要培養出，能夠理解主導許多消費行為的女性心理的人才與行銷人。

那麼，如何才能成為可以掌握「情感」的人才？

首先，在日常的情景中，要對人們的讚嘆、喜怒哀樂、反應、對話有興趣。如今在電車上有很多人會盯著手機螢幕看，但只要前往人群聚集的場所，還是會找到很多靈感。

例如我在進行調查時，很喜歡去兩家店。

一家是有很多成年女性的復古風格咖啡廳。會有六、七十歲的女性在結束同好會或登山活動以後聚集在此，每次總是四、五個人圍著桌子天南地北地閒聊。

側耳傾聽她們聊天的內容，真的獲益良多。電視的話題、網購買的健康器材、丈夫生病的事、孫子的情況、好吃的和菓子、當季料理的新資訊等等，你一言我一語地聊著五花八門的話題。還有一個特徵是，她們每次都會帶小禮物來互相交換，有可能是調味料、醃漬物等相當常見的東西。每次有人拿東西出來，都會引起一陣歡騰。

除此之外，每到週末還會有看起來像在網路交友平台上結識的男女，約在這家店初次見面，經常能看到打扮整齊的三、四十歲男女互相打招呼說：「你好，初次見面。」從他們不是很年輕的外貌中，可以感受到初次交談的慎重與認真。

可以聽到他們的自我介紹、興趣或是雙方在交友軟體上聊了哪些事情等內容。時不時可以聽到一些很有趣的關鍵字或雙方關注的焦點，例如彼此喜歡對方的哪一點，或是對於哪句話很有共鳴等等。不，有時候就算不想聽，也會自然而然地傳入耳中。

雖然我在旁邊的座位用筆電喀噠喀噠地打字工作，但有時耳朵卻會變成小飛象，不由自主在心中發出應和的聲音。

第二家店是大型購物商場裡的美食街。

雖然我自己早已忘記帶孩子是什麼感覺了，但只要來到這裡，就能看到時下的兒童服裝、用品，還有嬰兒推車或媽媽爸爸的時尚造型等等。與祖父母一起出門的親子團體也很多，可以同時觀察三代人的模樣，所以沒有比這更好的學習場所了。

親子團體的模樣非常重要。例如電影《鬼滅之刃》熱映時，放眼望去都是模仿主角兄妹炭治郎與禰豆子穿著的小朋友。當然，那些都是母親或祖母親手製作的。

從家庭的模樣可以很明顯地觀察到當下最流行的趨勢或消費行為。

▽走上街頭吧，女性觀點行銷的靈感俯拾皆是

最近在訪談女性時，經常會聽到一個詞語，就是「我特地去逛街」、「我特地去店裡」、「我特地聽廣播」、「我特地走路到前一站」、「我特地買本書來享受翻書的感覺」中的「特地」。

可見數位生活成為日常以後，雖然確實帶來很多便利，但反而令人開始感到身心疲憊。

訪談二十幾歲的女性時，也會聽到有人說：「我一定會特地去店裡試穿衣服，然後在網路上購買。」雖然也含有「因為衣服還是要實際穿過才知道」的意思，但可以感覺得出來，其中也有想以購物為由前往店面提振一下心情的意味。

因為數位是真實的日常，所以復古趨勢才會到來。相信這種現象在未來會愈來愈強烈。

老實說，在資訊爆炸的現在，感覺有愈來愈多光說不練的理論派。

知識明明很豐富，卻無法採取行動，就像具備足球的知識，卻不會踢足球一樣。如果不訓練知識與行動一體化，將會愈來愈難以掌握「人的情感」。當數位成了日

常，人與人的對話時間就減少了。

我在訪談過程中感受到的是，人的表情一年比一年更貧乏。年紀愈小愈明顯。由於「喜怒哀樂」都在手機中進行，因此即使腦中產生任何情感，也忘了使用臉部表情。專注在手機上的時間，臉部表情的肌肉是僵硬的。如此一來，由於在必要時刻仍然面無表情，當面對話時就會很難看出情緒。

因此，今後即使無法解讀「表情」，也必須提高掌握「現象」的感受力，也就是「觀察目前使用的現場」、「用眼睛看、用耳朵聽對方說話的樣子」、「了解目前使用的狀況」等等，從中就能「察覺到」顧客的「愉快」與「不快」。即使可以分析網路上的消費者動線或點閱資料，但購買商品後如何表現喜悅、如何開封、如何使用等答案全都在「現場」才找得到。

每隔一個月，我就會舉辦以「體感」為目的的「女性觀點行銷工作坊」讀書會。我會率領十人以下的小團體，不分男女，一同前往港區的麻布十番商店街逛逛。選擇這個地方的其中一個因素是因為離公司比較近，但最主要還是因為，這裡不像澀谷或青山那樣太過年輕、太過都會，不像池袋或新宿那樣充滿個性，也不像巢鴨一帶比較偏向高齡者市場。在六本木 Hills 周邊，不僅住著許多模特兒與藝人，也有很多從以

「女性觀點行銷工作坊」的實況。

前就住在當地的年長者。更難能可貴的是，每到週末就會有男女老少為了人氣和菓子店、咖啡廳或有機超市前來觀光。

換句話說，這裡是可以溫故知新，同時觀察到男女老少各種模樣的地方。其中我認為特別適合學習女性觀點行銷的，是以下三間和菓子店：

麻布十番 豆源

麻布十番 花林糖

麻布十番 揚餅屋

三家店坐落的位置距離很近，每次光顧都會忍不住消費。

意思就是希望各位一定要親自走一趟，到現場用五感去掌握。在此簡單彙整如下：

‧商品包裝的豐富色彩，把店內妝點得五彩繽紛

三家店都一樣，從一踏入店內的瞬間開始，就用架上陳列的五彩繽紛商品包裝，奪走了參加工作坊的女性朋友的目光。運用陳列的商品袋本身，上演一場色彩秀。

‧一邊瀏覽商品一邊想像要送給誰的畫面

一踏入店裡就會立刻脫口而出說：「啊，我媽說不定會喜歡。」「我要買去公司送人。」

‧可以輕鬆入手、適合當禮物的提案隨處可見

三家店都有很棒的輕鬆入手提案。商品基本上是相同尺寸。禮物也從一開始就放在最醒目的地方。可以立刻挑好價格或尺寸帶回家，或宅配回家。

‧有季節提案與刺激五感的活動

有搭配季節或例行活動的提案，也會提供五感的享受。在師傅的專業姿態、香氣、試吃等方面都下足工夫。

▽學習女性觀點行銷的最佳教室是星巴克

在工作坊的城市觀察途中，我們會在星巴克前停下腳步。

「入口旁的架子上，擺著可以倒入咖啡帶著走的保溫杯。有季節限定、地區限定等各式各樣的杯身設計，有些女性粉絲喜歡在每個季節收集不同的保溫杯。」話才說完，就有參加的男性表示：「收集那麼多保溫杯有什麼意義嗎？一個就夠了吧，又不是壞掉不能用，況且也很占空間。保溫杯不過就是保溫杯而已，我覺得不需要那麼多個。」

當時參加的女性回答：「我就是有好幾個保溫杯的人（笑）。因為聖誕節拿聖誕節限定杯感覺比較開心，春天拿櫻花杯比較有春天的感覺，也會有種幸福感。我現在家裡大概有六個。」男性朋友聽了瞪大眼睛說：「我無法理解。」

這段對話在過去的工作坊中上演了好多次，即使每次的聽講者都不一樣。

這代表女性在聖誕節氣氛渲染整個街頭時，會想讓身上帶的東西跟心情，都一致符合聖誕節的氣氛。

希望各位為了行銷的學習，務必每季確認星巴克推出的季節限定商品。他們的提案總是能確實抓住趨勢。

就拿萬聖節檔期來說，星巴克一定會推出「符合今年主題」的原創商品，而不是「反正每年都有，所以做到這種程度就好了」。

二〇一八年的主題是「你是哪一個？沉睡在你心中的真正姿態是女巫？還是公主？」推出女巫星冰樂與公主星冰樂；二〇一九年的主題是「化裝舞會」，推出鮮紅色的星冰樂與覆盆子摩卡；二〇二〇年則是以幽靈和黑貓為主題的萬聖節系列商品。星巴克的小熊玩偶還會配合季節限定主題變換服裝。

由於世界各國會推出不同的商品，因此如果沒有新冠疫情的話，有些人甚至會為了購買星巴克商品而飛到國外。

附帶一提，敝公司的報告《HERSTORY REVIEW》二〇二〇年十二月號的主題是「永續性意識消費」，我們訪問一〇二名女性消費者與三十二家法人企業：「你認為哪家企業是永續企業？」結果女性消費者與法人企業的第一名，都有星巴克。女性消費者的第一名是三得利與星巴克，法人企業的第一名是豐田與星巴克。在女性消費者與法人企業心目中皆為第一名的星巴克，向來以不打電視廣告著稱，可見他們是靠著在門市採取的態度、行動與商品，讓人產生這樣的感覺。

希望平常很少主動去星巴克的讀者，也能定期為了學習女性觀點而特地走訪觀摩，汲取一些廣受女性支持的靈感。

⑤品牌建立↓傳遞幸福

▽女性觀點會將眼前的事物視為一幅畫，以場景來捕捉（創造力、世界觀）

女性觀點就像以二維視角觀看一幅用廣角鏡頭拍攝出的靜態畫面。觀看時就像連續按下快門。這就是所謂的場景。

室內照片是一幅，店內照片是一幅，從上方拍攝的傳單也是一幅，從正面拍攝網站是一幅，把商品擺在桌上拍攝又一幅。

在觀看商品時，男性會聚焦在商品這個物體上。

女性則會大範圍地捕捉，視商品為放置於情景中的物體。

假如想要銷售盤子，就不能只是把盤子擺放出來，而要放在餐墊上，旁邊再搭配湯匙。舉例來說，可以試著以「飲用早餐湯品」為主題來陳設，讓人感覺彷彿有一個人正坐在椅子上。

電商網站也一樣。如果想要銷售沙發的話，就放上含有沙發的場景照片，底下再清楚地列出照片內的商品，如此一來就能大幅提高購買的意願。

比方說，刊登一張沙發底下鋪著毛茸茸地毯，牆上掛著美麗圖畫的房間照片好了。

那就列出沙發照片中使用的地毯、掛畫等所有商品，讓顧客可以一次購齊。此外，也可以販售湊滿三樣就有優惠的組合。「可以一次買下整組自然風房間」的組合方案非常便於購買。

在服飾店，也有不少顧客會在看到模特兒或店員身上穿的衣服後說：「我想要那一整套。」

準備好場景以後，即可販售場景內所有看得見的商品。

只要做到這一點，不僅購買的商品品項會增加，客單價也會提高。

順帶一提，在賣場經常會看見「下酒菜三樣一千日圓」或「襪子三雙一千日圓」

等促銷方式，但以女性來說，由於使用場景有很多，若能提供多樣化的選擇會比較省事，因此混合「三種」不同的商品比較方便購買，例如果醬、餅乾、罐頭等等。清庫存時，也很推薦這種促銷方式。

我也找到一份報告顯示，瀏覽網頁畫面時，女性看的範圍也比男性更廣，會四處點閱。報導出自株式會社 GAPRISE 的鎌田洋介（@kamatec）。轉載其文章如下。

案例

「目的腦」的男性與「共情腦」的女性！將男女的差異應用在網站上！

我試著用 ClickTale（網站解析工具）分析某個料理食譜網站，檢視男女各別是如何採取行動。

以下擷取自滑鼠點擊熱圖，其中顯示出網站訪問者點擊了網頁內的哪些部分。男性是右圖，女性是左圖。

由圖中可知，女性使用者相當關注頁首選單列。為了觀看不同餐點的食譜，她們點

比較男女各別點擊網站的哪些部分

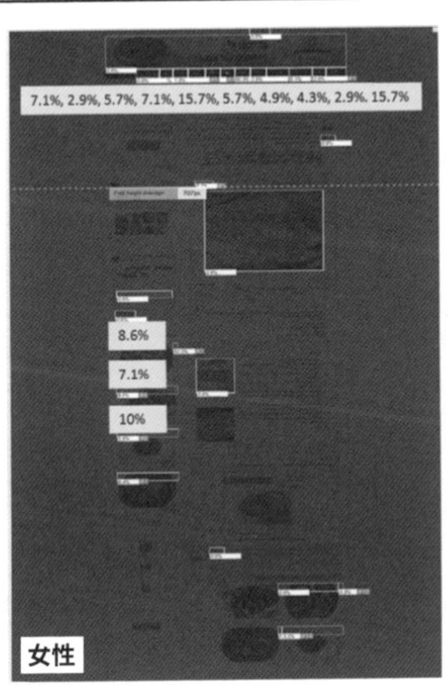

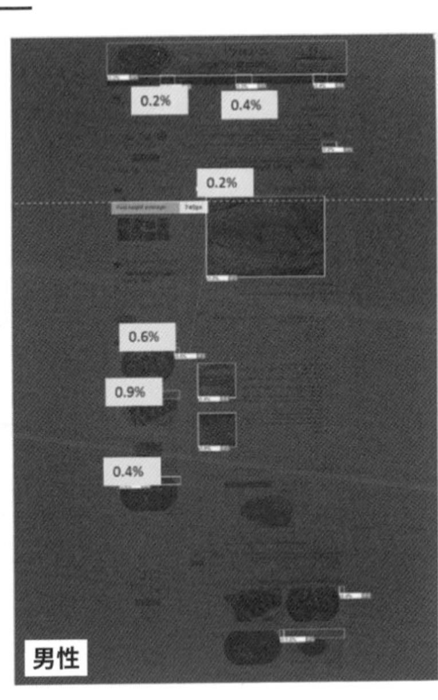

擊了各式各樣的分類，而且比起食譜，點擊左側圖像的比例更高，可見女性會**四處瀏覽許多頁面**。

相對於此，男性的點擊次數與女性相比之下幾乎為零。這顯示出男性在閱覽自己搜尋的東西以後，由於「找到食譜」的**目的已完成，因此便直接離開網站**。由此結果可以窺見「目的腦」顯著的一面。

此外，次頁的圖像是注意力熱圖的分析圖像（顏色較深的地方是較受關注的部分）。

正如頁面中央的紅色區域（顏色較深的部分）所顯示的，男性的**滑鼠集中在食譜的材料與烹調的方法**。

相對地，女性熱圖較深的部分分布

比較男女各別關注網站的哪些部分

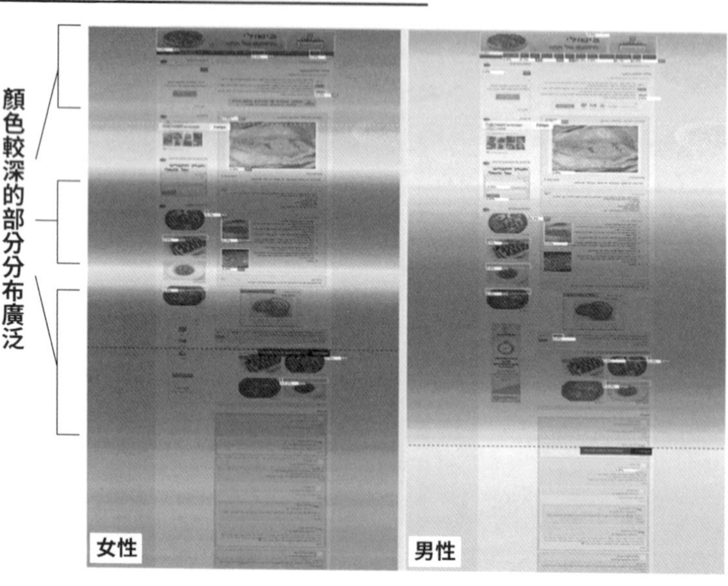

在整個頁面，表示她們上下瀏覽整個頁面，並未非常集中地閱讀內容。除了目的的食譜或烹調法，看起來也有**對各種圖像或資訊作出反應的傾向**。

從這兩組熱圖可以了解到，**男性是為了獲得目的資訊而訪問網站，相對地，女性則呈現出想要獲得比目的更深入的資訊而四處瀏覽的傾向**。

原文出自：https://martechlab.gaprise.jp/archives/clicktale/1577/

▽女性與色彩關係深刻，將色彩融入主題

女性眼中看見的色彩比男性更多，她們的目光會停留在美麗的顏色上。每天早上化妝，每天晚上卸妝，粉底、眼影、腮紅、口紅……她們還會每天面對自己的臉，觀察肌膚的狀態，調整使用的色彩。

試想一名女性從十八歲到八十歲天天都化妝。三百六十五天乘以六十二年，等於二萬二千六百三十次。即使每週休息兩天，大約也會超過一萬六千次。在不同季節或場景下也會配合做出調整，還能夠依據聚會、約會、商談、婚禮、演唱會、休閒活動等場合改變妝容。**每一位女性都是色彩的熟練技工，是色彩的魔術師**。

關於色彩的部分，必須借助女性員工的力量，或是色彩感覺意識高的男性，一起製作商品或完成設計。

其中又以粉紅色處理起來最為棘手。

女性群體甚至把男性自以為女性會喜歡而選擇的那種粉紅色，稱作「俗氣粉紅」。對女性來說，粉紅色是神聖的顏色。

即使同樣是粉紅色，也可以讓人聯想到不同季節的花，例如春天是桃色或櫻花色，秋天是大波斯菊色等等。近年來，也有很多女性會全面性地診斷膚色、髮色或瞳孔顏色，先了解自己適合的顏色或組合再購買商品。

先接受「藍底、黃底」的診斷，了解自己的肌膚是冷色調（藍底），還是暖色調（黃底），再進一步選擇粉底。

對於化妝品廠商、成衣、美甲等業界來說，色彩非常重要，因此員工持有色彩診斷證照，輔助銷售工作的情形也很常見。

只要在網路上搜尋「藍底、黃底」就會出現很多內容或商品，希望各位務必親自瀏覽看看。

色彩搭配師、室內規劃師、美甲師等與色彩有關的職業，八到九成都是女性。可見女性對於色彩的關注度有多高，並且持續追求專業知識。

對女性採用以色彩為主題的企劃或行銷是很有效的。搭配季節花或誕生石來選用顏色，會讓人感到很新鮮。尤其推薦活用趨勢色。推出各種色票的美國彩通公司，每年都會發表「年度代表色」，非常懂得預測時代趨勢，著實令人佩服。據說他們是彙總眾多專家的意見來決定。即使只看色彩被賦予的名稱，也能夠掌握時代趨勢。

例如二〇一八年的紫外光色，象徵著這個世界愈來愈複雜多變；二〇一九年的活珊瑚橘色象徵著自然環境；二〇二〇年是經典藍色，表示在急速的社會變遷下，人們渴望追求安定，因此選擇能夠孕育恢復力的深藍色。現在光是看到這些敘述，都覺得竟然如此符合世界的趨勢。

然後在二〇二〇年十二月十日，他們公布了二〇二一年的代表色是灰色與黃色兩種顏色。灰色（正確來說是極致灰）象徵永續的基礎與堅定的信任，令人聯想到沉穩、安定與恢復；黃色（正確來說是亮麗黃）則給人明亮快活、洋溢活力的印象。兩種色彩的組合，傳達出堅毅不屈的正向訊息。

彩通公司公布的年度代表色會被當作趨勢色，運用在時尚、室內擺設乃至化妝品產業，因此二〇二一年應該會有更多機會看到灰色與黃色。

▽即使是喜歡黑白色系的女性，也要注意黑色的量

近年來無性別、中性等男女通用的商品愈來愈多，但只要說到「通用」，黑白色系就會占據很大一部分。幾年前就有人在網路上爭論，說每家成衣品牌商標都採用類似的黑白色系，變得難以辨識。當數位逐漸成為生活的重心，許多商標都會傾向於採用簡約且辨識度高的時髦設計。

男性趨勢色的變化幅度本來就不大。外出的場所、服裝的品項等等也很有限，也

很少有像女性那樣必須用褲子、裙子、洋裝的上下組合，進行複雜色彩搭配的品項。

另一方面，女性的時尚則會意識到趨勢，並以很快的速度不斷循環。成衣風格往往大同小異，也是因為這個緣故。近年由於服飾業的蕭條，這樣的商業模式本身勢必得求新求變，但即使如此，許多女性在關注永續性的同時，依然很享受細節的搭配或色彩的組合。

雖然也有愈來愈多人表示「我不喜歡粉紅色」或「我喜歡黑白色系」，但女性會從不同類別或不同風格的多重選項中進行選擇，這才是女性觀點行銷。

此外，女性對於時尚單品也講求多樣性。

不管是運動服飾還是露營服飾，講求的都不僅是機能性而已，還會注意顏色、花紋、設計乃至鈕扣的形狀，她們很**享受從五花八門的品項中做選擇**。

唯有一點要注意的，就是黑色。

我希望各位不要將黑色使用在由外而內整個包覆住女性的地方。

例如室內的一整面牆、一整張床、一整片天花板，或一整面外牆等等。

尤其在有許多育兒期女性的店，更要注意黑色的量。如果將整片天花板或外牆塗成黑色，上門光顧的女性與孩童就會愈來愈少。

這是我在我的諮商客戶那裡實際體驗過好幾次的案例。就算剛開幕前幾天，客人會因為造型很酷而靠近，但一個月後就會沒有人願意靠近了。

黑色讓人聯想到黑暗，而迴避危險、恐懼、閉塞感是女性的本能。

中性品牌或店面即使採用黑白色系的商標，建議還是要增加白色的量，並重視自然感與明亮的自然光等要素。不妨加上象徵樹木的咖啡色或綠色，營造出自然的溫柔感吧。如果不用溫柔感迎接顧客，就會變成一家乏人問津的店，那樣就沒有做服務業的意義了。

▽善用平假名或片假名的擬聲詞、擬態詞吸引顧客

由於女性有很高的「感」受力，因此也可以靠「語感」來吸引她們。

受到女性歡迎的商品或店鋪，名字通常是由平假名、片假名、漢字與符號組合而成的。

以前有一次跟日語專家談話時，他說了一句讓我很驚訝的話：「平假名是平安時代的辣妹語[21]喔。」

一查之下發現，平假名在貴族社會中，確實常用於女流文學，由於會在私人場合

21　一九九〇年代中期以後，以東京澀谷的辣妹文化為中心所發展出來的少年流行語。

或為女性所使用，因此在日文中又稱為「女手」。

雖然是我自己擅自揣測，但可見不管在哪個時代，偏好看起來親切、可愛文字的都是女性。

各位知道「onomatopée」一詞嗎?就是**擬聲詞、擬態詞**的意思。在名稱或店面POP廣告上使用擬聲詞或擬態詞的話，同樣的商品就會突然賣得很好。由於光靠語言就能讓人用五感去想像，因此只要用「心臟怦怦跳」來表現，就能使人們發揮想像力，沉浸在那種心情中。

女性之間曾經掀起一股被男性「壁咚」的熱潮，而「咚」這個字的語感也很重要。如果形容為「擋住她的去路」，就會瞬間變成一種恐懼感。

Onomatopée一詞源自於古希臘語，直譯是「創造詞語」或「命名」，也可以解讀為**「模仿聲響、描述聲音、創造接近自然音的詞語」**之意。

鬆鬆軟軟、熱呼呼、沙沙作響、亮晶晶、軟綿綿、淅淅瀝瀝、咕嚕咕嚕、黏糊糊、暖洋洋、濕答答、酥酥脆脆。

諸如此類，表現音感或狀況的詞語不勝枚舉。

尤其是重複兩個字的表現方式，例如「咕嚕咕嚕地熬煮媽媽牌燉菜」或「熱呼呼的地瓜」，光用聽的都覺得很美味。如果只說「燉菜」或「地瓜」，感覺就少了一味。

我曾聽一位烘焙賣場的開發負責人說：「我們把之前一款名叫哈密瓜麵包的商品，改名為『外皮酥酥脆脆、內餡鬆鬆軟軟的哈密瓜麵包』之後，營收就提高百分之一百二十。此後，我們為店內的所有商品重新命名，結果每人平均購買數增加了，客單價也提升了。」

食品宅配公司 Oisix Ra Daichi 的蔬菜名稱總是取得很好。例如「糖番茄」、「蜜番茄」、「白黃瓜」、「南瓜花椰」等等，光用聽的就會令人產生興趣：「是甜的番茄！」「白色的小黃瓜？」「介於南瓜與花椰菜之間的蔬菜？」光是食品或菜單的命名方式不同，營收就會大幅改變。

LAWSON 便利商店的甜點也是，每次推出新商品都令人感到佩服。愛好甜點的女性員工大展身手。名稱、色彩加商標的三大組合非常優秀。「BASCHEE（巴斯起司）」、「ZAKSHU（酥脆巧克力泡芙）」、「MOCHEES（麻糬起司）」、「PURUSHU（Q彈泡芙）」、「DORAMOCHI（哆啦銅鑼燒）」、「SAKUBATA（脆脆奶油夾心）」等等，不僅表現出口感，同時又給人新鮮感，讓人不由自主就想掏錢購買。

岡本襪的超人氣系列「襪子保健：簡直像暖桌系列」也很精彩。以前販售時是標榜給身體虛寒的女性使用的襪子，能夠溫暖腳踝上的三陰交穴，但因為難以理解而銷量不佳。後來重新命名，改成「簡直像暖桌的襪子」以後，就成為爆炸性熱賣的暢銷商品。「襪子保健」的新類型名稱也深得女性的心。

面對女性顧客，不妨取個能夠想像購買商品後的「五感」或「場景」的名稱吧。命名會大幅左右營收。

⑥宣傳推廣↓用口碑思考

▽百分之七十的女性趨勢是靠廣告標語打造出來的

如果想要創造女性趨勢，不妨考慮看看用目前習以為常的商品，加入「新感覺」的編排，再重新命名。

重新挖出倉庫中堆積如山的舊商品，結合「當今最新穎」的穿搭法或使用方法，再創造出新感覺的命名，或使用外國名稱等等，即使已經有很相似的東西了，也要像推出全新產品一樣傳達出「新鮮感」，如此一來就能脫胎換骨。

結合大衣與開襟衫的「開襟大衣」。

結合運動風與休閒風的「運動休閒風」。

在陽台上露營就變成「居家露營」。

鐵製的平底鍋變成「鑄鐵平底鍋」。

耐熱陶瓷烤盅要叫「舒芙蕾烤盅」。

除此之外，將穿戴或使用後會變美的狀態放在名稱之前，這種銷售訴求方法也很有效，例如靴子可以命名為「美腿靴」或「長腿靴」，顏色好看的話可以叫「美靴」等等。

只要設計一個容易想像使用畫面的標語，讓女性能夠想像穿上靴子時，腿看起來如何，她們就會覺得「嗯，好像不錯」。

女性服飾也很常採用這種手法，來形容穿戴後的感覺。

「隨性感」↓指看起來慵懶不造作的風格。

「時髦感」↓指自然流露出時尚氣質的穿搭。

諸如此類，加上「感」這個字是一個訣竅。

想學習這類男女有別的創意，也很推薦參考女性媒體或雜誌。分別購買男女性時尚雜誌，比較職場上的表現差異，即可針對「男女差異」在表現上的差異，進行體感式的訓練。

我在內容媒體「note」上找到一篇很有趣的專欄，是一名男性針對男性雜誌與女性雜誌做的比較，想在此介紹給大家。

案例

轉載justice7的文章 https://note.com/shoji7711/n/nf6be0d416cea

我在可以透過網路大量閱讀新刊雜誌的「d雜誌」網站上，發現一件有趣的事。因為沒時間詳細讀完所有雜誌，所以我一開始只看自己感興趣的雜誌。

隨著習慣的養成，為了探索社會上的需求，我也開始特地瀏覽自己沒有興趣的雜誌。

感興趣的雜誌就如我原先所預期，但我發現男性綜合雜誌與女性綜合雜誌之間，存在著非常有意思的差異。男性綜合雜誌是以「事件」為撰寫的中心；相對於此，女性綜合雜誌則是以「人物」為撰寫的中心。

男性綜合雜誌都在寫最近發生的各種事件，而女性綜合雜誌則主要在寫最近受到關注的人物。

典型的例子就是，男性綜合雜誌有很多政治或經濟題材，女性綜合雜誌則詳細地描述活躍於各界的人物。

比起光靠一己之力也無法改變什麼的世界經濟話題，女性似乎對於更接近自己的人物觀察比較有興趣。

從某種意義上來說，女性似乎比男性更加地腳踏實地。

如果一群女性聚集在一起，應該會七嘴八舌地聊起周遭人物（真的很接近的人物，例如同個職場的人）的話題吧。

由於善於觀察人類，因此女性似乎的確比男性更有「看人的眼光」。

太太外遇絕對不會被發現，先生外遇卻立刻就被拆穿，或許也是典型的例子之一。日本女性的社會參與還有很長一段路要走。

可想而知，男性經營團隊似乎在無意識之間，對於人類觀察能力優於男性（即「政治力」較高）的女性的加入，抱持著畏懼的心理。日本公司的經營團隊大多都是「內部政治」的勝利組。

男性應該是在無意識之間感覺到，女性的政治能力遠高於自己，所以才不想讓她們加入經營團隊吧。

假如是出於這樣的心態，推遲女性的經營參與的話，這對日本社會來說是極其可惜的。

這篇專欄分析非常有魅力，所以我特別收錄於此。

另外，關於使用雜誌學習的學術性意義，我也找到一篇有趣的報告。

那是「表現學會」出版的《表現研究》第九十二號中所刊載的，中里理子的〈從年輕人時尚雜誌看男女的文體差異〉研究結果報告。以下節錄自〈結語〉。

二〇〇一年以後的男性雜誌，開始出現化妝品等美容相關文章，或介紹甜點的頁

面，可見有朝著女性雜誌靠攏的趨勢。換言之，女性雜誌對於時代的變化與流行比較敏銳，同時也顯現出一種積極接觸新事物的態度。

此外，經過這次的調查以後，我實際感受到以時尚雜誌語彙作為對象，檢視男女語彙差異與其變遷的有效性。（中略）一般認為，以時尚雜誌為對象，調查語彙的男女差異或變遷是具有極大意義的。

▽標語或文章要寫得像在跟朋友聊天一樣

女性關注人，男性關注物。

女性行動時總是想著人。發揮創意時，最好營造出一種與人對話的感覺。我們曾在二〇二〇年十二月某日的階段，利用男女時尚雜誌來比較廣告標語（利用雜誌銷售網站 Fujisan.co.jp，雜誌皆為二〇二一年一月號）。

男性時尚雜誌的特輯標題如下：

「單品『百搭』主義改變時尚！」（《Safari》）

「就是現在！令人興奮的購物」（《Men's Non-no》）
「大人的服裝，花錢、掏錢的地方」（《UOMO》）
「皮包與手錶，讓你化身為有反差感的男人」（《SENSE》）

女性時尚雜誌的特輯標題如下：

「寒冬的淑女Style可以更可愛更溫暖♡」（《美人百花》）
「無論時尚或美妝，『小臉』就是二十幾歲冬天的希望♡」（《MORE》）
「時尚與身體都重新出發，神清氣爽，告別、顯瘦、更纖瘦！」（《BAILA》）
「我們想要更『懂穿裙子』！」（《Marisol》）

相比之下感覺如何？在此稍微整理如下：

【女性時尚雜誌的特徵】

・特輯標題的語尾

女性雜誌特輯標題的最後，很多都是「可以♡」、「希望♡」、「更纖瘦！」、「想要！」像是在向身旁的朋友訴說自己的希望或想法，也有很多♡或驚嘆號。

・特輯標題的字體

女性雜誌標題的文字會有一些細微的變化，例如明體、圓角、手寫風或變更字型大中小等等。部分線條像用粉蠟筆畫出來的，或是加入波浪線、對話框等等，感覺可以從文章本身看見聲音的抑揚頓挫或心情。

・用字遣詞

經常使用像在跟人聊天的對話風，寫起來有種主詞是「我」或「我們」的感覺。用字遣詞像在尋求共鳴，字裡行間彷彿在對著讀者說：「對吧？」「妳不這麼覺得嗎？」

・封面模特兒寫真

女性雜誌會採用極近距離的臉部特寫，望著鏡頭跟讀者面對面，然後露出微笑，像在聊天一般的距離感。此外，也有很多日常生活中常見的姿勢或動作。

相對地，在男性雜誌則會看到許多相反的模式。

從女性時尚雜誌的呈現也可以看出，即使是創造性表達，模擬溝通對女性來說也是有效的。

第五章〈『男女腦真的不同嗎？』的實證〉中提到，女性具備「心智理論」的能力，即鏡像神經元系統。那是一種在觀看資訊的同時，就能感同身受的能力。就像觀看女性時尚雜誌的創意時即可知，**「另一端的人與身為讀者的自己產生共鳴的感覺」**是受到重視的。在宣傳品的製作或網站上，必須採用這種女性特有的溝通方式。如果不知道的話，將會是一大損失。

我們再來確認一遍。

在女性觀點下，如果只是把商品陳列出來，會因為「提不起興趣」而「不放在眼裡」。

想要銷售商品時，最好加強能讓人瞬間想像到「這能帶給誰幸福」的創意與傳達力。例如放上人臉，一張看起來環境與自己相似的女性正在看著自己，或容易吸引人注意的嬰兒或小孩，有時也可以選用寵物等等。比起沒有人臉的商品橫幅廣告，女性更喜歡看有人臉的橫幅廣告；比起橫幅廣告，又更容易相信周圍女性介紹的社群媒體等等。

記住，針對女性採取的創意溝通，全部都是「對話」型式。

▽利用節日、紀念日、活動日的「三日」創造出「非買不可」的消費行為

女性會在意季節或重要日子的「三日」，分別是節日、紀念日與活動日。

節日即每年的季節行事，聖誕街、春節、情人節、女兒節、母親節、父親節等等，每年都一定會遇到的固定節慶。

紀念日即婚禮、七五三、生日、六十大壽等個人紀念的冠婚喪祭。

活動日即大拍賣、結束營業特賣、慶祝冠軍特賣、週年紀念慶典等特賣活動或行銷活動。

假如有一批餅乾總是擺在架上。

如果是節日的話，就試著推出搭配毛線襪的組合：「聖誕節快到了，要不要搭配毛線襪一起當作禮物送朋友啊？」

如果是紀念日的話，就試著提案：「結婚紀念日是什麼時候呢？今年要不要給周圍所有照顧過你的人一份『感恩』紀念品，用餅乾來當作分享幸福的報告呢？」

如果是活動日的話，就說：「本地足球隊獲得冠軍！我們為現在消費的顧客準備了足球造型的餅乾，一起用愉悅的心情歡慶吧！」

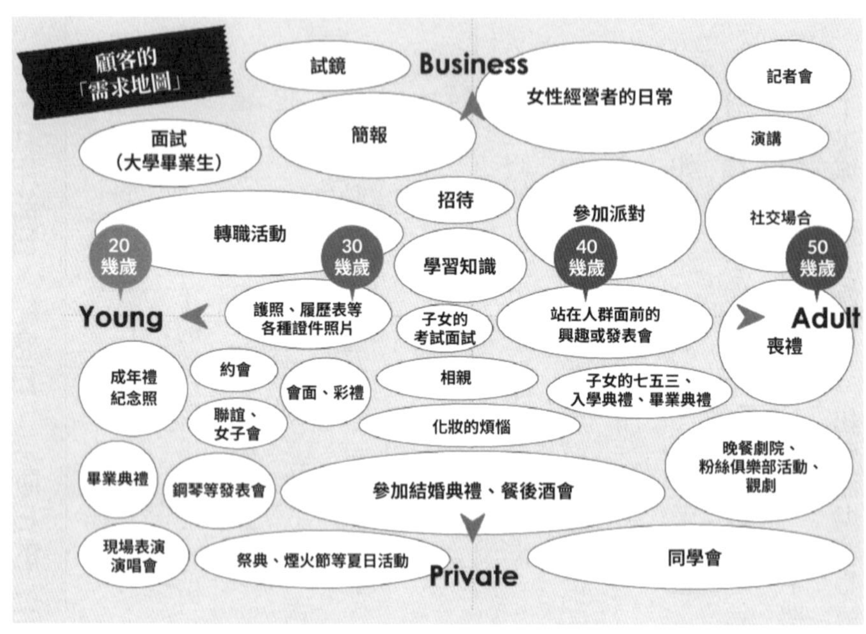

atelier haruka 「顧客的需求地圖」。

即使是同樣的東西，不同季節或紀念日，依然能創造出「非買不可」的女性消費行為。

好的商品只要改變宣傳方式與銷售方式，隨時都賣得出去。我希望各位讀者也能以「三日」為切入點，思考如何提案自己的商品。即使是相同的商品，只要願意下工夫，一年當中應該可以想出三百六十五次的銷售機會。這就是女性觀點行銷的有趣之處。

atelier haruka 是一家髮妝與美甲沙龍，以東京都心的車站地下街為中心，在全日本開設了六十家店面（截至二〇二〇年十二月底）。這裡並不是美髮沙龍，而是女性想要重新調整髮妝時，可以輕鬆踏入的店。

該企業的女性創業者還是上班族的時候，會在下班後去參加聯誼，但在公司上班的自己與傍晚前往聯誼的自己，有重新調整髮型或妝容的需求，因此她才想親自開店打造一個這樣的空間。

atelier haruka 把女性在不同情境下的妝髮需求繪製成一幅地圖。餐會、婚禮、約會等等，一天當中有各種豐富的情境變換。

每次都想改變妝髮的女性獨有觀點，成了新事業的契機。只要顧客前往喜筵或聯誼會場，獲得朋友稱讚：「妳的髮型真漂亮，是自己弄的嗎？」「妳的妝容非常美。」顧客本身的造型就成了 atelier haruka 的宣傳媒體，進而建立起口碑。

可以從現有情境變身為下個情境的自己，atelier haruka 的這種服務，對於有很多「三日」場合的女性來說，就是從「沒有對應的商業模式」與「自己想要」的心願之間萌芽並茁壯的經典案例。

▽女性會區別使用五大社群媒體「LITFY」

女性喜歡社群媒體。聊天、看別人的評論、寫留言、加入社群、參加溝通場合等

女性五大社群媒體的十種用途

等，前文一再強調女性有多麼「喜歡與人建立關係」。

隨著時代改變，使用的工具也會改變。

敝公司的女性消費者動向報告《HERSTORY REVIEW》二〇二一年二月最新號中有一篇特輯，是針對女性的社群媒體使用情形，按照不同年齡層進行實態調查的內容。

針對十幾歲到六十幾歲女性進行調查後，結果顯示全部的二百二十三人中，有高達百分之九十二點八的人表示自己有在使用社群媒體。十幾、二十歲為百分之百，三十幾歲為百分之九十七點八，四十幾歲為百分之九十五點二，隨著年齡層愈高，使用比例愈低，但即使如此，六十歲以上的使用者還是多達百分之七十五。

若從內容來看，不同年齡層使用的社群媒體也不盡相同，但此處希望各位注意的一點是，使用率排名前五名的社群媒體全部都一樣。

敝公司得知這個結果後，便根據平均使用排名的社群媒體，取其頭文字命名為「LITFY」。雖然排名是 LINE、Instagram、YouTube、X（舊名 Twitter）、Facebook，但由於 YouTube 的特徵不同，因此在 LITFY 中被擺在最後面。

此外還有一項特徵是，十幾歲的人使用 TikTok 的比例較高。

從這次的調查中，我們還按照不同年齡層進行個別訪談，詳細詢問各種社群媒體的用途。結果顯示出一定程度的傾向。

- LINE……日常生活的聯絡網
- Instagram……獲取最新資訊
- X（舊名 Twitter）……興趣、御宅文化等交流、獲取資訊
- Facebook……確認朋友的近況
- YouTube……對生活有用的資訊

雖然有個別的差異，但大致上可說因為都使用過社群媒體，所以能夠掌握其特徵區分用途。令人再次佩服起女性使用溝通工具的滲透度與利用方法。

激發女性購買欲望的十個關鍵字

本章已進入尾聲，此處將重新整理一遍會激發女性購買欲望的十個關鍵字。換言之，就是會促使女性「想購買」的十種「愉快」。請務必在導入女性觀點行銷時，意識到這些關鍵字。

①幸福

女性在購物時，會無意識選擇比較接近幸福的那一邊。雖然買特賣的雞蛋或肉也很重要，但還是會一邊想像「今天是爸爸的生日，所以買好一點的肉來慰勞他吧」、「想到孩子的笑容，不如也準備一些手工蛋糕的材料吧」這種會讓對方感到幸福的畫面，一邊判斷今天該買哪些東西。

②理想中的我

女性會考慮「能讓我成為心目中理想女性的商品是哪個」來做選擇。與情人在一起時的我、身為妻子的我、身為母親的我，要選擇哪個才能更接近理想中的我？讓瞳孔看起來比較大的彩色隱形眼鏡、預防皺紋的化妝品，都是屬於「理想中的我」的商品。

③共情

女性被認可、被認同「好漂亮」、「真棒」時，會提高滿意度。如果能得到對方稱讚，就是一次成功的購物。「妳買耳環了？好可愛喔。」「妳換髮型了？真漂亮。」對方有沒有注意到並給予讚美，決定了購物的成功與否。

④養育

有一種購物來自母性的本能行為，會受到小動物或嬰兒等小小的身軀或形狀所吸引。圓圓、小小、嫩嫩的觸感，讓人聯想到嬰兒的臉頰或屁屁，不由自主覺得「好可愛」，想要伸手摸一摸。孩提時期會拿布娃娃或玩偶來玩扮家家酒，也是一種本能的行為。

⑤挑選

很多女性「喜歡挑選商品的時間」，想要東看看西看看。請把商品視為花田中的花朵或樹木的果實吧。不妨用一個一個撿拾起來的感覺向女性提案，然後跟她們說「今年最流行這個」，提供整體造型、調整、組合搭配的建議，刺激購買欲望。

⑥與大家一起（分享）

喜歡買東西來分送給別人、與別人分享。因為接下來要與朋友碰面，所以想帶東西過去。方便分送的尺寸、可以放在包包隨身攜帶的形狀、朋友看了會高興的設計、能讓場面嗨起來的人氣甜點等等。如果能夠提出在什麼時候、如何使用在誰身上的建議，例如「帶一樣小禮物與媽媽友聚會」，就會讓人忍不住出手購買。

⑦有用

想要買對自己以外的家人或旁人有用的東西。女性看到手很乾燥時可以擦的護手霜、對頭髮好的洗髮乳、有益健康的保健食品之類的東西，就會買來送給家人或朋友，或是口耳相傳。試著提出容易讓人想像到「為了某人而買」的訴求吧。這樣一來，就很容易一次賣出好幾組。

⑧特別（重要、愛情）

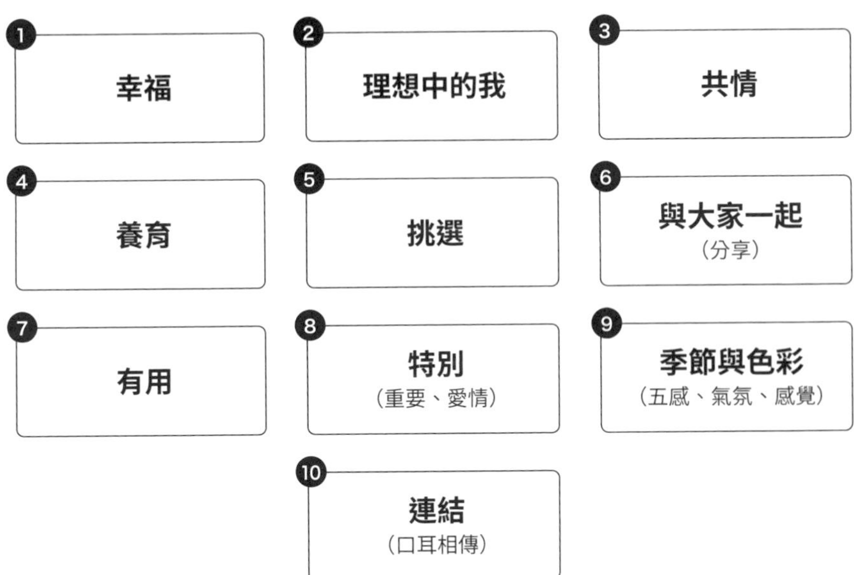

想被人重視、想誇獎自己、有獎賞就會更努力等等，能夠獲得特別待遇、驚喜或被珍惜的感覺，這類型的事件或商品會令女性開心。「為了自己而送給自己」的禮品服務，正以職業婦女為中心逐年成長。定期送花給自己的服務也很受歡迎。對女性來說，特別的日子也有可能以每月或每週為單位重複出現。

⑨季節與色彩（五感、氣氛、感覺）

將季節、色彩與商品連結在一起進行提案吧。例如秋天、黃色、南瓜、蒙布朗蛋糕，春天、粉紅色、上衣、絲巾，冬天、白色、毛衣、帽子等等。季節感會帶來某一時期、某個瞬間的限定感與新鮮感。時尚雜誌特輯中有很多結合色彩的企劃，像是「秋天的米色聰明穿搭術」或「用春色服裝穿出好氣色」等等。

⑩連結（口耳相傳）

與他人建立關係用的小禮物是女性特有的。除了母親節、入學典禮、歲末年終、冠婚喪祭等明確的時機之外，還有學校的謝師會、運動社團的聚會等等，女性在各種場合都需要小小的伴手禮，所以會依賴口耳相傳的資訊，想知道大家都怎麼準備。

以上整理了十個激發女性購買欲望的關鍵字，供各位在實踐女性觀點行銷時參考，請務必加以活用。

第七章

未來將會成長的女性市場與著眼點

進一步擴大規模的職業婦女市場

當今的女性已擁有「購買力」，並且具備一種強烈的意志，想發揮「購買力」，用自己的力量讓未來的生活或社會變得更好。

想用自己的錢，決定自己想要的東西，並自己買下來。

瞬息萬變的女性世界早已走在十年後的未來，遠遠超過許多行銷人與商務人士的想像。唯有女性才感知得到的未至之境——藍海已在四面八方浮現。

如今有許多非正式雇用的女性就業者，但未來十年正職員工一定會愈來愈多。從國家政策或ＳＤＧｓ的方向來思考的話，勢必會如此發展。

就業女性中的高齡人口也會增加，考量到今後會有愈來愈多人從非正式雇用轉變為正職員工，收入當然也會提高。購買力將逐年提升。

女性關注的焦點雖然會依就業型態、子女的有無、年齡層等條件而異，但如果想要以最大市場為目標的話，不妨先記住一件事，就是在職業婦女共通的「女性×工作」領域，還有許多尚未開發的部分，競爭對手寥寥可數。

「Saborino 早安面膜」。

案例

不用洗臉的化妝面膜「Saborino」

這幾年，「Saborino 早安面膜」（BCL公司）標榜自己是「不用洗臉的面膜」，並持續熱銷。這是一款可以讓早上洗臉、護膚到保濕打底一次完成的面膜。

截至二〇二〇年十二月底為止，累計出貨量突破五億片，持續橫掃各項女性商品年度大獎。不僅人氣不減，還陸續推出新的姊妹系列。

名稱也很淺顯易懂。商品名稱「Saborino」是直接以女性「想要偷懶」的心情，用日文諧音來命名[22]。不僅具備商品力，名稱也很能打中女性的心，讓人不禁心想：「沒錯沒錯，好想偷懶！」

22　日文「偷懶」的讀音為「Sabori」。

家有嬰幼兒的職場爸爸媽媽市場

雙薪夫妻的市場也還有很大的成長空間。儘管日本的少子化日益嚴重，但「孩子是至寶」的社會氛圍，如今才剛醞釀出危機感。

呼籲男性應享有育嬰假，恐怕也是這五年的事。未來「由社會一起養孩子」應該會變得理所當然。

順應「孩子是至寶」的趨勢，爸爸、媽媽、爺爺、奶奶（祖父母）皆可共用的「共同家事」商品，逐漸成為關鍵字。此外，以這種觀點推出商品的企業，會受到爸爸媽媽的支持，而且也比較容易收集到「希望有這樣的產品」等意見或資訊。

男性觀點的家事及育兒產品陸續增加。明明男性有心參與家事及育兒，商品卻不適合男性使用，目前從這種觀點出發的商品開發作業，仍在發展階段。召集一群爸爸來開監督會議也是不錯的方法。雖然有愈來愈多原先偏重於媽媽的商品，也推出爸爸適用的款式，但仔細想一想，方便沒有力氣的爺爺奶奶使用的商品，說不定還是個空白市場。

案例
研發「方便爺爺奶奶使用的育孫用品」的「BABAlab」

據點位在埼玉市的工作實驗室合同會社，會召集附近的高齡者來共同進行育兒用品的企劃開發。例如老花眼也能看清楚的「安心哺乳瓶」、可以輕鬆抱起脖子還沒長硬的嬰兒的「抱抱棉被」等商品都廣受好評，經銷的店面也愈來愈多。

今後這種爸爸、爺爺、奶奶共同參與的「共同育兒」或「共同家事」用品，似乎會成為頗受歡迎的結婚禮物或新生兒禮物。

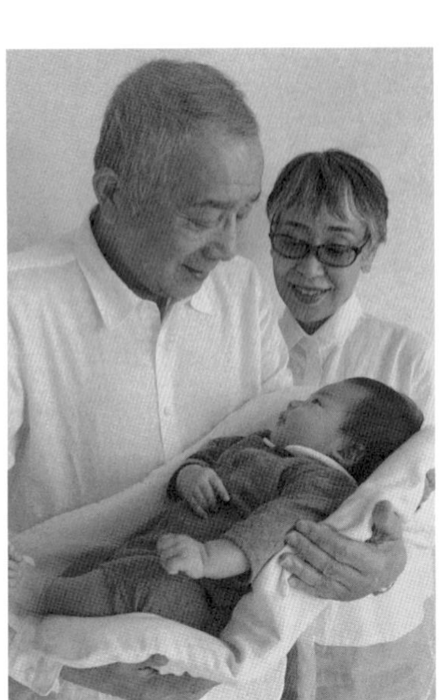

「抱抱棉被」。

案例
隨著溫度變色的奶瓶，從媽媽推廣到爸爸，再到祖父母

各位知道有一款會隨著溫度變色的「魔法寶貝」奶瓶嗎？

這是一款劃時代的商品，只要倒入攝氏

四十度以上的熱水，瓶身就會很神奇地變透明。當牛奶變成一般所謂適溫的攝氏三十六到四十度，就會恢復為原本的顏色。最初開發的株式會社 Mag Cruise 代表董事渡邊一平說：「我在職場上看見兼職員工一邊用手腕或臉頰確認溫度，一邊泡嬰兒奶粉的樣子，這就成了當初開發的契機。」

這項商品一開始是在媽媽之間口耳相傳，後來也逐漸傳到「不大懂得如何掌握人體肌膚溫度」的爸爸還有祖父母耳中。可以讓人清楚知道牛奶是否處於適溫的奶瓶，這種前所未見的劃時代商品的誕生，就是在原先偏重於媽媽適用的世界裡，加入男性觀點後，才成功發現的案例之一。

P2兒童市場（王子與公主）

在孩子逐漸減少的現在，平均兒童消費額正日益增加。

兒童非常受到重視。以前說一個孩子有六個口袋，現在卻增加到十個口袋。所謂六個口袋，即父母與兩邊祖父母是孩子的贊助者之意。如今則因為晚婚化或未婚化等因素，有不少叔叔、伯伯、阿姨、姑姑都沒有結婚，加上醫療的進步，社會上出現很多長壽且健康的高齡者，也就是曾祖父母。

於是平均每一位兒童，都有將近十個成人贊助者。花在每個孩子身上的金錢逐年增多。我們以前曾經發表過，將這些孩子取 prince 與 princess 的英文首字母，命名為「P2兒童」。因為他們就像是王子與公主一樣。

今後的P2兒童想必會獲得愈來愈多的特別待遇吧。

案例　半歲生日、半成年禮等慶祝活動逐年進化

在孩子一歲之前，出生滿六個月的日子就稱作半歲生日，如今這樣的慶祝活動已形成一大市場。不僅拍攝紀念照的媽媽增加了，半歲生日的儀式也已然定形。六個月大的嬰兒表情變得很豐富，也開始翻身、學坐、吃副食品等等，是模樣最為可愛的時期。雖然尚未成為商業上的主流，但在媽媽之間確實有變成常識一般流傳開來的跡象。如果能夠搭上這班順風車，暢銷企劃也指日可待。

除此之外，在小學的例行性活動中，十歲的半成年禮等活動也愈來愈常見。

賺錢兒童的市場，職業是兒童 YouTuber

在小學生將來想從事的職業中，YouTuber 這個答案已經名列前茅許久了。

前陣子有個轟動社會的新聞，美國有位九歲少年萊恩・卡吉（Ryan Kaji），連續三年榮登世界第一 YouTuber，二〇二〇年賺取了約三十億日圓的收入，而在日本的前幾名兒童 YouTuber，年收入也高達五千萬日圓、七千萬日圓、一億日圓之譜。

其中很多人都有專屬的事務所，並打算當作未來的升學費用，但光從賺取的年收入來看，幾年之內就會有好幾個孩子成為億萬富翁，這樣的事實著實令人震驚。

這年頭的孩子，都是在 Mercari 上學習交易，在 YouTube 上觀看同年齡層孩子們的節目，從中摸索商品攝影、說明文案、表達方法、簡報技巧、影像處理等等。

孩子們的娛樂能力遠超過大人的想像。

在與住宅公司一同調查「十年後的房屋建造」時，我們訪問了五名家裡有小學生的母親，結果其中有三人表示「已把小孩房打造成 YouTube 房」。未來孩子的工作意義將會大幅改變。感覺他們已經逐漸無法理解去公司上班的意義了。

案例　房間就是工作室，孩子是 YouTuber 藝人

家庭頻道是以二歲到十歲兒童為對象的時下熱門 YouTuber 頻道類型。其中位居榜首的「Kids Line」是以「小浩」與「音美」兩名兒童為主角。截至二〇二〇年十二月為止，頻道訂閱人數為一千二百一十萬人，傳播力十分驚人。在其他家庭頻道上，由實際的親子登場一起玩玩具等節目也陸續增加。收看的觀眾當然是兒童。在這種節目的刺激下，他們嚮往成為其中的一員，而且現在隨時都能馬上出道成為 YouTuber。

大人也因為新冠疫情的緣故，開始了解遠距工作這種工作型態，因此有很多人在家設置了 Wi-Fi 環境與工作室。藉此機會開始製作以孩子為主角的節目的爸爸媽媽愈來愈多。不僅家庭與工作的界線消失，賺錢也不再有年齡之分。將住家打造成工作室的家庭急速增加。

宅女市場

如果不研究宅女的話，恐怕會是一大損失。

「宅」一詞包含粉絲、迷、收藏家之意。

宅女則遍布於聲優、動畫或二次元的世界。其中的世界觀就是反映出自己本身的身分認同（自我同一性），因此只要說出「〇〇宅」，就能知道對方的取向為何。

她們會為了「喜歡的偶像」砸下大筆金錢。不僅有代表「偶像」的顏色，還會收集代表色的服裝或應援物，甚至熱衷於手作。宅女的消費看在他人眼裡，只是「浪費」而已。日文中亦將此消費稱為「沼消費」或「推消費」[23]。如今「鬼滅之刃」大爆紅，像這類與動畫的合作，對企業營收大有貢獻。如果想學習御宅知識，推薦參考《浪費圖鑑——壞朋友們的祕密（暫譯）》（劇團雌貓著／小學館）[24]。

23 「沼」意即深不見底的沼澤，「推」意即偶像或支持的人。

24 『浪費図鑑—悪友たちのないしょ話—』，ISBN：978-4091792341

巴利安飯店「偶像同好會方案」。

案例

超過四萬人使用宅女會方案的「巴利安飯店」

在東京都心有十五個據點的巴利安飯店，在宅女之間十分有名。該飯店自二〇一〇年起推出「女子會方案」，提供一群女性徹夜歡聚，飯店方觀察女性顧客實際使用的情況後，注意到粉絲同好聚在一起歡騰的現象。於是，相關負責人員開始徹底研究宅女的世界，透過三千份以上的問卷，研究宅女的實際行為模式。

例如，他們從研究中得到了三個關鍵字：「圓盤」、「尊」與「布教」。「圓盤」指的就是DVD或藍光光碟；「尊」就是御宅界最高等級的「讚」；「布教」則是向周圍人宣傳自己喜歡的偶像有多優秀。此外，他們也研究了參加者上傳到社群媒體的照片。從多達一千八百七十三張的照片中可以看出，這些女性是如何享受這樣的娛樂。經過分析以後，再進一步開發出手燈出租、按下去就會響起「好尊」聲音的按鈕等服務。

接著，從二〇一八年起更推出「偶像同好會方案」。宅女為了與同好歡聚同樂，會以團體形式使用該方案，在口耳相傳之下，它成了大受歡迎的方案。

目前已有四千六百萬人使用過這個方案。相信今後這個「偶像同好會方案」還會持續成長。

中年單身女性市場

中年的單身女性正在增加。

《「單身女性」消費！支配巨大市場的四、五十歲力量（暫譯）》（每日新聞出版）[25]一書的作者牛窪惠（日本出版日期是二〇一七年十二月），就曾經描寫出四、

25 『「おひとりウーマン」消費！巨大市場を支配する 40・50 代パワー 』，ISBN：978-4620324821

五十歲中年單身女性積極且活躍消費的模樣。

關於中年人消費欲高的根據，她在書中如此分析：

①因為其中包含喜歡消費的泡沫世代（以現年五十幾歲的人為主）。
②因為其中包含人口數量多的第二次嬰兒潮世代（現年四十六歲到四十九歲的人）。
③因為他們至今仍憑著「莫名的自信」而懷抱上進心，始終追求年輕或自我磨練。

四十幾歲女性的未婚率，在大約三十年前的一九九〇年，只有百分之五點二。根據最新的人口普查（二〇一五年），則增加到三倍以上的百分之十七點二。之後也持續穩健地增加。

這是包含人口眾多的第二次嬰兒潮世代市場。調查當下的四十幾歲女性未婚人口，大約是九百一十三萬人中的百分之十七點二，也就是大約有一百六十萬人之多。若再加上離婚與喪偶的單身女性，當時光是四十幾歲的中年單身女性，就有將近二百五十萬人（將近同年齡層女性人口的三成）。

中年單身女性消費意識高且行動積極。中高齡婚活[26]商業市場中，有很多人是為了迎接高齡期而參加聯誼尋找伴侶，會員人數正逐年增加。

26　結婚活動的簡稱。泛指各種聯誼、相親等以結婚為目標的活動。

案例

渴望拍攝美麗婚紗照的「單身婚紗」

各位認為結婚典禮的婚紗照，一定要夫妻兩人才能拍嗎？

對女性而言，婚紗是心中永遠的美好嚮往。於是，一個人也能拍攝美麗婚紗照或和服照的紀念照需求就增加了。那就是現在愈來愈為人所知的「單身婚紗」，而且這樣的概念也變得理所當然了起來。

可以像模特兒一樣，在玫瑰花的簇擁之下，站在如城堡般的空間裡擺姿勢，拍下自己嚮往的模樣或形象，因此「沒有伴侶反而更自由」的心聲，就成了它受歡迎的理由。單身女性相約一起來拍攝的案例也很多。抱著一起參加活動或留下回憶的心情，選用婚禮上不大可能出現的妝髮或姿勢，一同參加「穿上嚮往的婚紗的活動」。

單身女性的增加，就像所謂的「單身〇〇」或「一人〇〇」一樣，若能改變觀點，將以往無法一個人做的事情，變成一個人也可以做，創造出全新商業模式的可能性就非常大。

女性主管市場

這是一個備受關注的有力消費者市場。

雖然日本的女性主管比例，在全世界的已開發國家中敬陪末座，但在二〇一二年到二〇一九年這七年間，上市企業的女性董事人數還是增加了約三點四倍，未來肯定也會持續成長。

由於所得很高，因此消費額也很高。若從現在開始著手，十年後就有可能獲得龐大的回報。

女性主管的需求，在於「沒有想要的東西」。

由於有很多機會站在人群面前，再加上想與部下的樣貌、儀容或服裝看起來「有所區別」，因此她們會想要花錢治裝，然而，這個市場領域尚未成熟，於是就變成了「雖然想買，但找不到想要的東西」的情況。近年來，成衣業的趨勢是休閒風與運動風，而女性主管的商務場合服裝，卻還是完全空白的市場。

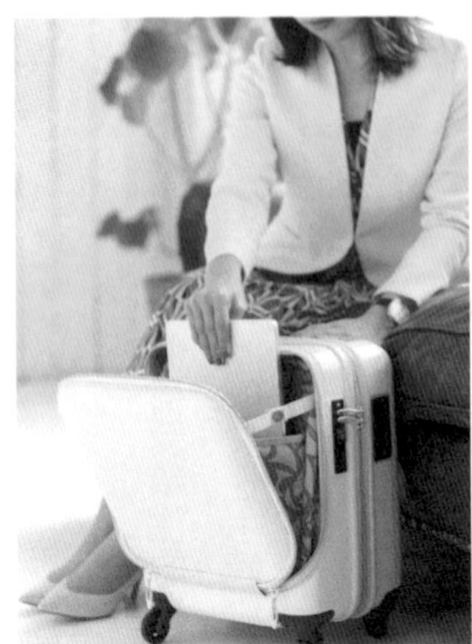
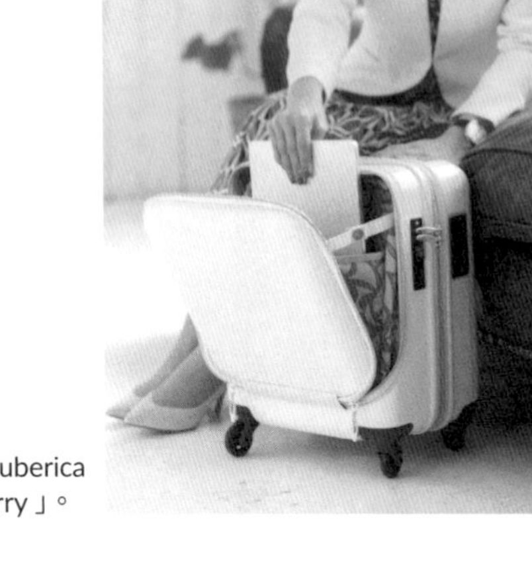

「Ruberica Carry」。

案例

專為職業婦女設計的行李箱「Ruberica Carry」

雖有自賣自誇之嫌，但「Ruberica Carry」是一款我因為自己本身的困擾，而透過群眾募資製作出來的行李箱。

以前我對行李箱有非常多的不滿。我希望可以有一個兼備女性行李箱的高級感與優雅感、攜帶方便、尺寸放得進公共置物櫃裡、可以放得下化妝包與洋裝、有可以放伴手禮的擴充功能、有防滑設計、可以從外側拿出書來、可以安全收納筆電等等條件的行李箱。於是我規劃設計了自己理想中的行李箱，拿到一家位於名古屋的廠商——SUNCO 鞄株式會社進行提案。

群眾募資設定的目標是八十萬日圓。最後募集到二百萬日圓，為目標的兩倍以上，達成率百分之二百五十二，總共製作一千五百件，全數售出，並在第二波發售新色。

https://ruberica.stores.jp/

年收入超過一千萬日圓的能力夫妻檔

家庭年收入超過一千萬日圓的夫妻，稱作「能力夫妻檔」。妻子從事兼職工作與從事高年收的全職工作，會使夫妻的生活型態截然不同。二〇一三年出版的《夫妻階級社會，兩極化的婚姻型態（暫譯）》（橘木俊詔、迫田沙也加著／中公新書）[27]一書就曾介紹到，家庭消費力的關鍵分歧點在於妻子的職業與所得。當時的資料顯示，能力夫妻檔僅占雙薪家庭的百分之一點八，但由於女性活躍的機會日益增加，因此這樣的組合也在持續穩定成長。

能力夫妻檔最大的特徵就是購買力。相較於丈夫肩負起大部分家用的家庭，能力

27　『夫婦格差社会　二極化する結婚のかたち』，ISBN：978-4121022004

夫妻檔每月的消費支出總額較高，理由在於以「時間」為優先的生活型態。換言之，他們有一項特徵，就是會**為了「節省時間」而做出不惜金錢的消費**。

在敝公司的調查中，雙薪且家庭收入超過一千萬日圓的夫妻，大致上有五種特徵。

①省時、外包、對於備用性消費很積極……使用家事管理等服務也很積極。

②重視工作與生活的平衡或閒暇時光……對旅行或休閒很積極。

③對於新商品的敏銳度很高……對於新的東西有好奇心或十分關注相關話題。

④在社群媒體上積極分享資訊……很多朋友過著類似的生活，包含資訊交流在內，整體消費欲旺盛。

⑤會花錢在教育上……如果有子女的話，會不惜在學習、教養甚至是運動等方面付出高額的教育費。

還有另一項明顯的特徵，就是「穩定性」。由於夫妻兩人皆為高所得者，因此即使一方發生什麼事，仍然有足夠的所得支應生活。家裡有兩大經濟支柱，「穩定性」很強。

因此，能力夫妻檔的商業市場正在逐漸擴大。

例如大型不動產公司會針對這些以時間為優先的能力夫妻檔，大力推銷距離職場較近的都心區高級公寓等等。家事育兒的代管服務使用率也很高。

也因此有許多夫妻的生活型態，是會把時間運用在娛樂或學習上。

雖然有「專營富裕階層」這種說法，不過現在「專營能力夫妻檔」的商業市場，更加合乎現實。

案例　《PRESIDENT WOMAN》與讀者共同製作的公事包

說到少數以女性董事及主管為讀者群的雜誌，就不能不提到《PRESIDENT WOMAN》（PRESIDENT社）。讀者中約有半數為已婚人士，當中也有很多人的丈夫同為高所得者。

二〇二〇年十月，該雜誌根據女性讀者的問卷資料，與品牌聯名製作公事包，並在自家公司的群眾募資平台上販售。目標金額為三十萬日圓，最後竟募集到超過一千萬日圓的資金。公事包的價格為五萬三千九百日圓（含稅），老實說並不便宜。主編木下明子也說：「沒想到會有這麼驚人的需求，而且商品本身絕不便宜，連周圍的人也嚇了一跳。」《PRESIDENT WOMAN》這才意識到，這個市場存在著多麼爆炸性的需求。想必他們日後也將會陸續投入新商品的開發。

長壽長尾消費者

人類壽命愈來愈長，而且健康的高齡人口也在增加中。

世界各國無論哪個國家，都是女性的壽命較長。長壽所帶來的影響很大。在長尾消費者的一生之中，光是生活必需品就有龐大的消費量。

舉例來說，比起開發新客戶的能力，採取**與三十歲顧客持續往來到一百歲的策略**，想必是更有效果的。**那位顧客的身邊一定有其他家人**。在逐漸邁向高齡的過程中，若能與周圍的家人建立起更深的緣分，也比較會受到信任。顧客終身價值（Customer Lifetime Value）的概念將會逐年增強。

即使人口減少，還是能與每位顧客長久往來，想到如今已經進入這樣的時代，或

平均壽命的變遷

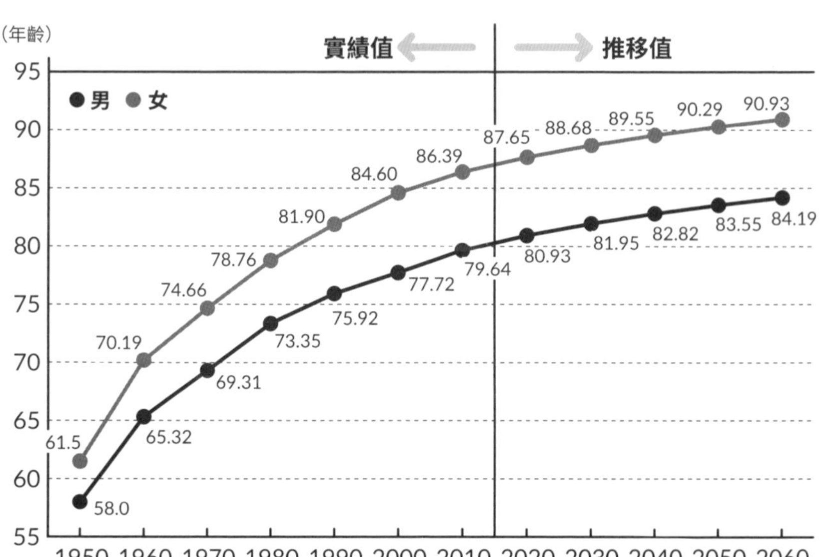

出處：日本厚生勞動省，2020年以後由國立社會保障暨人口問題研究所公布

許就不需要再為了少子高齡化的趨勢而唉聲嘆氣。

以前可能在六、七十歲就過世的人，如今可以再多活個二、三十年，所以消費將會持續下去。只是他們需要的東西與年輕時完全不一樣，因此掌握此年齡層需求與洞見的行銷，是在思考未來十年方向上非常重要的一環。

附帶一提，一百歲以上的人口中，女性占了百分之八十八點二。二〇二〇年首度超過八萬人，達到八萬零四百五十人，比前一年度增加九千一百七十六人。一年之間就增加了將近一萬人。

據說二〇二〇年的新生兒平均預

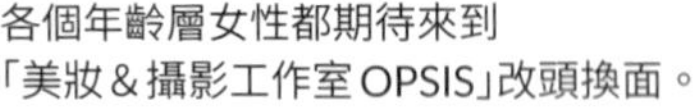
各個年齡層女性都期待來到「美妝＆攝影工作室 OPSIS」改頭換面。

期壽命，有可能會將近一百一十歲。面對這些令人不可置信的長尾消費者，若能從橫跨不同世代的消費作為切入點，而非從少子化下的人口數消費量來考量，似乎會是建構新事業更為適切的方法。

案例

拍下奇蹟美照作為遺照！變身照相館深受高齡女性歡迎

女性不管到了幾歲，都想被人稱讚「美麗」。有一家為成年人改頭換面的照相館，確實地掌握了這種想要為自己留下美麗倩影的女性心理。

這家照相館的名字就叫「美妝＆攝影工作室OPSIS」。

女性畫上完整的妝容、整理頭髮、換上禮服般的美麗衣裳，在燈光下露出微笑。右圖中的美麗女性在拍攝當下年齡為七十七歲。預約拍攝時，可以與親朋好友或女兒一起前來。

拍攝肖像照的目的之一是作為紀念，而另一個目的則是「遺照」。高齡女性蜂擁而至，就為了在自己還活著的時候，把握時光拍下自己喜歡的照片。

有的人是在朋友的喪禮上看到美麗的遺照，希望自己走的時候也能掛上那樣的照片而造訪。此外，也有很多人是跟女兒或其他女性一起預約，夫妻一起預約或由丈夫陪同的情形好像非常少見。可見女性不管到了幾歲，都很享受打扮的樂趣。

五十歲的中間點市場

現在的女性平均壽命是八十八歲。如果未來壽命延長到一百歲，折半是五十歲，於是女性市場的中間點就會是五十歲。五十歲的人很容易與女兒、母親三代人一起行動。

同時也是比較容易連結到廣大市場的關鍵人物。

此外，**五十幾歲也是從家事、育兒中解脫的時期**。因為「終於有自己的時間了」，所以會開始把目光放在外面的世界。此時也是一段著手準備的時期，會開始思考退休生活，為了漫長的人生後半場做準備，或思考父母接下來的日子與自己未來的規劃等等。

五十幾歲也是周圍緣分最多的時期。子女、孫子女、父母、公婆可能都還很健康。超過百歲的人口也在增加，如果有孫子女就是四代，如果祖父母有任何一方健在就是五代。長壽是一件很不得了的事。

在這個家庭人口減少、一人家戶增加、鄰居少有往來、人際關係日益稀薄的時代，新冠疫情使得家人之間的連結變得更為強韌，於是她們會為了父母、為了自己的將來、為了子女、為了孫子女，購買各種商品或服務。

案例 幫助五十幾歲女性「再創顛峰」的應援服務

有一位形象策略顧問，深受四十幾、五十幾、六十幾歲的女性歡迎，她就是「Y's

effect」的代表——余語真里亞。

她同時也以二〇一九年在「MISS JAPAN」日本大會上奪冠的土屋炎加（女演員土屋太鳳的姊姊）等人的選美訓練營講師而聞名。她每次與服裝業界合作舉辦鑑定會，就會有眾多女性爭相參加。與其自行挑選衣服，女性更期待的是「發掘自己內在的可能性，在自己工作或私下場合都能發揮效果的服裝選擇」。

其中最有意思的一點是，有些母親會與二、三十歲的女兒一同前來。

「我從公司辭職，自己出來開業，所以想要從上班族風格轉變成老闆風格。」「我想從行政人員的形象，轉變成幹練職業婦女的風格。」從這些言談中可以發現，她們都期待能改頭換面，告別五十歲以前的自己，邁向嶄新的人生。

她們的女兒也很積極表達支持之意，還有人一臉高興地報告說：「離婚後一直很努力工作的媽媽，上次來這之後就愈來愈漂亮，甚至還交到男朋友了。」攝影師會在會場替改頭換面的女性拍攝並提供照片，那些女性都立刻把照片設成社群媒體上的大頭貼照。

Y's effect 的余語真里亞正在建議顧客「合適的穿著打扮」。

如果又被朋友稱讚「好漂亮」、「真美」，她們就會更有自信。口碑也愈傳愈廣。

在余語真里亞舉辦的「成為理想中的自己：我的品牌建立講座」中，會根據每個人理想中的女性形象，製作「我的品牌建立地圖」。許多參加者都是四十幾歲到六十幾歲的女性。她們未來將會繼續發光發熱，活出更精彩美麗的自己。

不想承認自己是高齡者的熟齡市場

各位知道在女性讀者中，賣得最好的雜誌是哪一本嗎？就是全年定期訂閱雜誌《halmek》。這本雜誌沒有在店面販售，而是直接寄送到家裡。由於在書店看不到，因此不僅男性而已，就連女性也有很多人不曉得，但它其實是日本最暢銷的女性雜誌。出版商株式會社 halmek 多方經營雜誌事業、網購事業、活動事業，營收逐年成長。

在不景氣的出版業中，它的銷售本數還能達到三十二萬這個傲人的成績，是女性雜誌中銷量第一。該雜誌標榜著「五十歲以上的女性雜誌」的編輯方針，讀者平均年齡為六十歲後半，女性讀者占了九成（日本ABC協會發行社報告二〇二〇年一月到六月統計）。

▽理解熟齡女性購買欲望的雜誌《halmek》

二〇二〇年二月，在敝公司主辦的女性趨勢講座上，請來該公司的「聰明生存之道研究所長」梅津順江，作為演講的嘉賓。由於其中也談到了《halmek》，所以順便介紹一下部分內容。

《halmek》2021年1月號封面。

「halmek聰明生存之道研究所」每年會向一千名以上的熟齡人士進行面談或採訪，並舉辦工作坊等活動。透過實際與熟齡世代接觸，獲取廣泛的資訊，並運用在雜誌封面製作、商品開發或廣告製作上。

梅津說，支持《halmek》的讀者「有一個非常有趣的共通特徵」。

「現在的五十幾到七十幾歲女性，不認為自己是高齡者。她們會說沒有適合自己的『中年人』服裝，或是疑惑為什麼自己在電車上會被讓座。可能心境上還很年輕吧。在有關臨終活動的問卷中，也有百分之七十四點四回答應該展開安排，但實際採取行動的卻只有百分之三十八點九。總之她們有拖延的傾向，依目前的狀況，很難讓她們認知到現在該做什麼事。」梅津指出。

以心境如此年輕的熟齡世代為目標客群，展開商品開發或服務時，究竟要注意哪些重點呢？

「雖然心境上是年輕的，但身體卻跟不上。填補其中落差的消費，就是我們目前關注的焦點。」梅津大力強調。

首先他們著眼的是，將從年輕緩緩邁入老年的過渡期煩惱「現代化」。對策就是為那些解決該世代煩惱的商品，取一個時尚的名字，例如他們刻意將白髮專用染髮劑取名為「白金灰色」（讓白髮看起來光澤美麗的商品）；將助聽器取名為「頸掛式集音器」來販售，並獲得巨大的迴響。

對熟齡世代造成特別大影響的不安因素有以下五點：

不安一：「金錢」與「健康」

不僅限於熟齡世代而已，這是所有世代都經常感到不安的主題。無論準備得多麼充分都無法安心，總是想尋求更多的資訊以改善現狀，並努力擬定對策。

不安二：「社會」與「制度」

熟齡世代有「我們是會被詐騙的世代」的自覺。在「是我啦詐騙」[28]等詐騙案件猖獗的現代，他們逐漸無法相信這個社會。

不安三：「災害」與「感染」

具有「我們是災害與感染下的弱勢族群」的意識。

不安四：「人際與親子關係」

知道有很多人為了親子關係疏遠而煩惱。

不安五：「孤家寡人」

指配偶過世所帶來的「孤身一人」焦慮，或對孤獨死感到「孤立不安」。

在以上五種不安的驅使下，許多熟齡世代的人對世界充滿不信任感。在這種情況下，《halmek》為了吸引讀者而實施的策略，就是獲得讀者的信賴。在問卷中回答「halmek 商品品質值得信任」的讀者，達到超過半數的百分之五十四點二。在這個

28　詐騙犯打電話給受害者，劈頭就說「是我啦」，佯裝成受害者的親友，藉此騙取錢財的詐騙手法。

充滿不安的世界，還有值得信任的 halmek 商品。

「我們必須努力以最高的品質回應讀者的期待。」梅津說。

新冠病毒感染擴大後，他們也積極地與熟齡監督會員「haltomo」的成員進行線上會議。

同時也很用心地協助成員使用智慧型手機或電腦等電子產品。

熟齡女性是雜誌世代。在這雜誌接連廢刊的時代，唯有熟齡女性雜誌依舊活躍。雖然一方面是因為她們是熟悉紙本書的世代，但最主要還是因為智慧型手機尺寸較小，所以不管再怎麼擅長操作 LINE，眼睛還是會疲勞。特別是閱讀時尚雜誌的樂趣之一，就是欣賞模特兒的全身行頭，因此用手機或電腦瀏覽毫無樂趣。

各位知道什麼是「赤文字雜誌」嗎？

就是《CanCan》、《Ray》、《ViVi》、《JJ》以及《PINKY》這五本雜誌。雖然其中有些已經廢刊，但這些都是以女大學生或二十幾歲上班族女性為對象的雜誌，創刊時與全盛時期前後的主要讀者，如今大約都五十幾歲了。再上去還有《an・an》以及《non-no》等雜誌風靡一時，並且被稱為「annon 族」的世代。曾經翻閱創刊號的女性，現在都已經七十幾歲了。

這五、六年來，針對這些五十幾到七十幾歲的女性，出現了一波接一波的女性雜誌創刊潮。

在處於雜誌不景氣、廢刊潮的現在，唯一逆成長的就是這個年齡層的市場。對於中生代到熟齡世代的女性，雜誌風的手冊、新聞廣告、傳單等，還是很能引起迴響。訂購時不能沒有電話或傳真。當然，她們對於網路也很有興趣，但即使心境年輕，還是容易有眼睛疲勞或視力衰退等情形。需要運用多種媒體來貼近其需求，也是這個年齡層的特徵。

第八章
女性特有的「憂鬱消費」是空白地帶

女性獨具的「憂鬱消費」之空白

我們的生活確實在持續進步，而且日益便利，機能也高度發展，很多事情都能藉由科技來解決。

所謂的科技，據說有「運用科學使人類生活更加舒適，且能夠派上用場的技術」的意思。不過放眼四周，卻感覺內心生病的人愈來愈多了。

在新冠疫情的自主防疫期間，陸續傳出人氣職業摔角選手、演員自殺的消息。無論理由為何，肯定都帶來極大衝擊。二〇二〇年，女性與兒童自殺者顯著增加，從小學生到高中生都呈倍增的現象。

根據日本警視廳公布的資料，二〇二〇年十月的女性自殺者數，比前一年同期增加百分之八十二點六。如果沒有新冠疫情的話，這是一件難以想像的事。這個數值告訴我們，女性在日本社會中的立場有多麼脆弱。是時候該面對女性身體與心理上的現實了。

女性的人生比男性長，人生大事也比較多，身心變化更為劇烈。

在中醫學領域，認為女性的身心變化大約以七年為單位。每隔七年，身體就會伴隨女性荷爾蒙的減少而產生變化。再加上人生大事也會帶來各種不安或憂鬱，使人容易陷入鬱悶狀態。

近年來，女性在社會中日益活躍，加上全職工作、孤立無援的育兒、單身家戶的增加、長壽等所有外在環境變化，女性的身心顯然處於危險狀態下。這一點顯然會影響到未來的消費社會。

在男女之間、夫妻之間、親子之間將形成莫大的壓力。不，是已經形成了。

例如女性必須長期與之為伍的生理期。

如果你是男性的話，請稍微想像一下。在無法自由控制的情況下，你每個月都有幾天要帶著持續出血的身體前往職場。

由於每個人的出血量差異很大，因此需要自己想辦法解決問題。備好生理用品、內褲，吃貧血藥、保健食品或止痛藥再去上班。止痛藥就是退燒藥，明明沒有發燒卻要吃退燒藥，導致身體變冷，血液循環也變差。夏天吹冷氣、冬天走在柏油路上，此時若還穿著裙子，該有多冷啊。在團體環境中也不能提出什麼任性的要求，只能暗自忍下，試著自行解決問題。唯一的救贖來自身處類似狀態的其他女性的X（舊名Twitter）或社群。日本人之所以稱生理期為「藍色的日子」，就是因為很多人會陷入這種憂鬱的狀態。

不只是生理期而已，女性的憂鬱心情似乎向來被視為禁忌，即使在女性之間也一樣。不過隨著女性愈來愈活躍，這種憂鬱心情的現狀可能會逐漸浮上檯面，並陸續創造出新的消費吧。

我從電視新聞上得知，嬌聯正在推動一個企業研修計畫，叫「大家的生理研修」（參加企業募集至二〇二〇年十二月二十五日為止）。這種活動的誕生，代表我們正在步向未來的十年。

女性特有的身體研究向來被忽視

正如第五章的〈性別理解〉中所述，腦神經科學書籍中寫道：「女性腦因為生理等因素處於不穩定狀態，因此研究多以男性腦為主。女性腦的研究較為落後。」這就代表，我們可以說「女性腦不穩定」這件事是經過認證的，也可以說腦的研究是偏向於男性的研究。

我們發現一件驚人的事實。

那就是「腦」的所有者，即「女性的身體」，在醫學上與藥學上的相關研究較為落後。雖然令人難以置信，卻是不爭的事實。

理由是美國曾在一九七七年下令，不讓有可能懷孕的女性參與藥物研究。從此以後，女性就被醫學與藥學研究排除在外。因此據說在診斷或診療時，都是直接將男性的資料套用在女性身上。

不過隨著「疾病存在性別差異」的行動發起，日本才在二〇〇一年首度設置女性門診。性別差異醫療這門領域至今依然歷史尚淺。

在呼籲男女平等的同時，面對男女身體差異的行動才正要開始。

▽女性健康相關領域的落後

我認為性別差異醫療與商業社會必須更加拉近距離才行。

我曾有一次機會，與女性生活診所的對馬琉璃子醫師對談。比方說，公司健康檢查項目的設計都是以男性為主。由於男性是職場主角的觀念根深蒂固，因此規劃的內容勢必不會以女性參與勞動的社會為前提。

「除了代謝症候群健檢之外，女性還需要女性健檢。一般可能會想到子宮癌、乳癌的健檢，不過我把這稱作『比基尼健檢』。女性常見的疾病還有很多，像是巴西多氏病、橋本氏甲狀腺炎、類風濕性關節炎、膠原病、骨質疏鬆症、子宮內膜異位症、卵巢囊腫等，與女性荷爾蒙有關的不適症，或男性身上沒有的器官疾病。因子宮頸癌過世的人也增加了。從四十歲開始，是女性陸續因為停經而出現各種不適症狀的時期。我希望職業婦女或企業更積極認識女性的身體。如果女性不健康的話，對家庭或子女來說都會很辛苦。在思考女性的健康管理時，重要的是生命歷程取徑的觀點。」她說。

當我在診所與她對談的期間，有一名五十幾歲的女性急診患者，因為突然感到暈眩而被丈夫帶來就醫。她一邊打點滴一邊說：「我還沒準備孩子明天要帶的便當。」聽說許多女性平常都是努力撐著不看病，直到有一天不行了才緊急就醫。

我自己在二十幾歲時被檢查出卵巢囊腫，左側全部切除，右側切除三分之二，四十幾歲時又切除剩餘部分。這次的切除讓我在非漸進式的情況下，一口氣出現更年期症狀（立刻被對馬醫師指認出來），連續三年都為意志減弱與暈眩的症狀所苦。在女性經營者或主管日益增加的現在，我親身體驗到這種症狀對於事業或工作的影響有多大。

那一陣子我擔心身體狀況不佳，而花錢在許多商品或服務上，例如保健食品、飲品、營養食品、診察費用、藥費、健康管理專用的溫暖足腰襪或熱敷袋、內衣、衣服等等。由於三年期間都未能擺脫身體不適，購買的總額恐怕高達數百萬日圓。

憂鬱的次數與年齡生命階段×人生大事呈正相關

女性的「憂鬱消費」數也數不盡。如果是本身具備技術的讀者，我希望你能活用自己公司的強項，來回應女性的憂鬱消費，相信那會成為長久往來的開端。憂鬱心情不會在一定週期內結束，以下列舉的只是幾個例子而已。

經前症候群（PMS）等生理不順憂鬱、生理期間的憂鬱、求職憂鬱、婚姻活動憂鬱、婚前憂鬱、求子憂鬱、不孕憂鬱、孕期憂鬱、產後憂鬱、育兒憂鬱、教育憂鬱、停經憂鬱、父母問題憂鬱、照護憂鬱、老化憂鬱……等等。

女性「憂鬱心理」所需要的，應該是**肯定感與傾聽**。女性活在人與人的關係之中。希望各位不要忘記讓科技的進步與傾聽並行。右腦與左腦兩邊同時存在，就是為了讓現實與內心的安定同時進行。

不管是電話諮商、管家、網站負責人還是聊天功能都行，最好能提供由專家坐鎮在適當位置上的服務，讓「女性之間共享煩惱的橫向連結」這種自發性的功能不會偏離正軌。過度倚重數位科技，已在不知不覺間破壞了女性自身的平衡。

以下將列舉幾項實際的女性「憂鬱」相關資料。

求子憂鬱、不孕症治療憂鬱

各位知道**日本的不孕治療實施數，是世界第一且成功率倒數第一**的嗎？對於現在仍然在認真接受治療的人來說，這恐怕是非常令人感到焦急的現實吧。

菅政權確立了從二〇二二年四月開始，不孕治療適用公共醫療保險的方針。雖然我對這件事情本身的想法是「終於盼到這一天了」，但眼下卻有堆積如山的課題。

在女性全職工作的社會，這是一項偏離現實的政策。

當然保險的適用是有幫助的，不過身在職場的第一線，究竟要如何定期前往診所呢？

我希望各位未婚的女性與男性也都思考一下，平日從早到晚都要上班，許多專門的診所也都在同一時段開門，而且專門診所不見得在自家附近，也有很多人得舟車勞頓才到得了。

在網路上搜尋「求子」或「不孕治療」就知道，女性對此有多麼煩惱與痛苦。而且不知道為什麼，懷孕明明是夫妻兩人的事，卻大多是女性在傷腦筋。國家將保險的

不孕治療與工作難以兼顧的人，有半數會選擇「辭職」

Q. 為了進行不孕治療，你在工作上做了什麼調整？（複選，回答人數：2,232人）

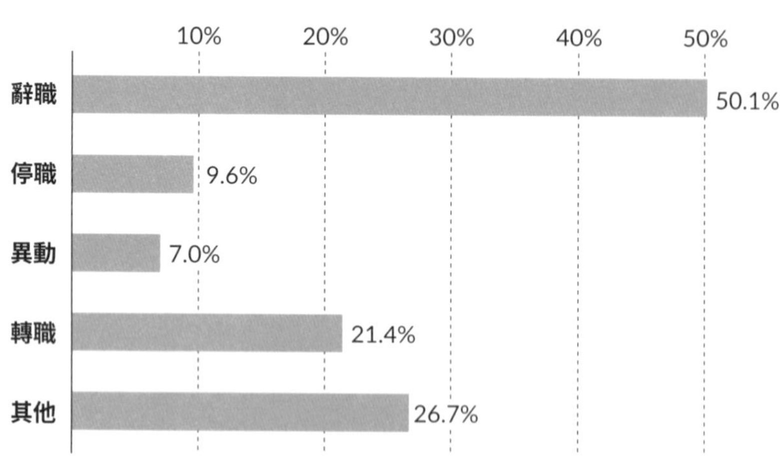

※「其他」包含變更雇用型態、縮減工作時間或工作量等等。

出處：NPO法人 Fine 「關於兼顧工作與不孕治療的問卷 Part2」

適用列為議題，但女性當事人卻要面對**辭職、轉換職場或變更工作型態等現實**。而這些事情都不會發生在男性身上。

據說**日本每五點五對夫妻之中，就有一對正在接受某種形式的不孕治療**。

不孕治療不僅耗費金錢，也會對精神與肉體帶來負荷。因為不知道終點在哪裡，所以更加難熬。

過去敝公司曾經協辦過與不孕有關的女性漢方講座。

那是週六的白天，講座會場上坐滿一百名參與者，但一同前來的夫妻竟然只有一對。參加講座的女性都表現得非常積極，睡眠呢？飲食呢？運動呢？性行為的時機呢？甚至連體外受精或凍卵，女性都很認真地抄寫大量的筆記。

在新冠疫情肆虐下，據說那位醫師的漢方商品賣得嚇嚇叫。

在出生率屢創新低的現在，是時候由全體社會共同承接女性迫切渴望生子的心願了。這樣的需求已經達到最高峰。

孕期憂鬱、產後憂鬱

在二〇二〇年一月，環境大臣小泉進次郎宣布將請兩週的育嬰假。對於請兩週育嬰假這件事，媒體紛紛討論起身居要職的人，這樣的期間究竟是太長還太短。老實說，我對於媒體的無知感到很遺憾。

兩週的期間是有其意義的，那是導致女性產後自殺的產後憂鬱最高峰時期。再加上他的妻子瀧川克莉絲汀又是四十二歲的高齡產婦。從三十五歲起就算是高齡產婦。相信她的內心一定十分不安。此外，產後也很容易心情起伏不定。

有可能罹患憂鬱症的孕產婦比例

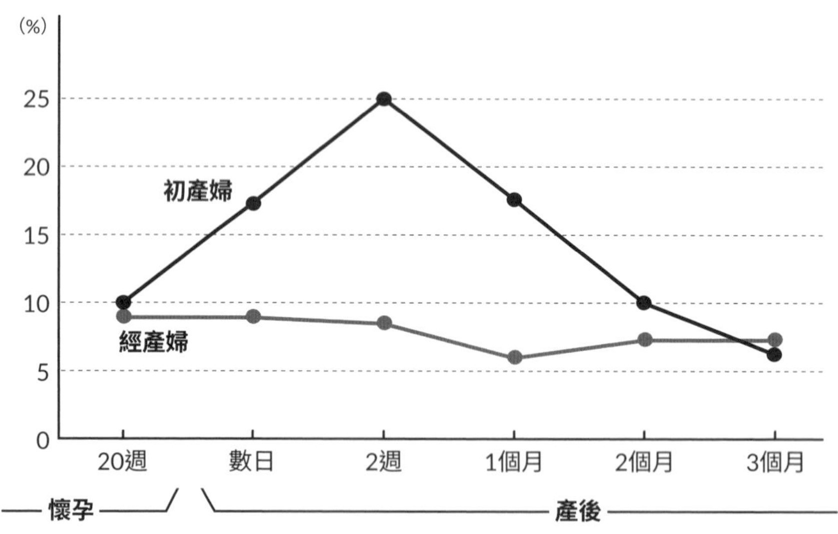

出處：根據厚生勞動省研究班的調查繪製而成

小泉進次郎曾在訪談中表示：「我得知有百分之十的人會在產後因為荷爾蒙失調而陷入憂鬱以後，感到十分訝異。」在推行少子化對策與女性活躍的國家，連大臣都直到自己妻子懷孕才認知到這個現實，很多人恐怕得等到親身經歷以後才有此認知吧。

產後女性的死因第一名是自殺。

知名女星在產後不久就留下幼子自殺的新聞曝光以後，女性之間紛紛傳出她是不是產後憂鬱的流言。

在二〇一五年到二〇一六年的兩年之間，共有一百零二名女性在懷孕期間到產後自殺（日本國立成育醫療研究中心調查），其中九十二人是在生產後自殺，又以三十五歲以上或初產的女性比例最高。

就是在這樣的時期，小泉進次郎才要請兩週的育嬰假。

此外，在產後兩到三年之間，對丈夫的愛情冷卻、夫妻關係惡化的「產後危機」現象也在增加當中。

關於產後憂鬱或產後危機等女性特有的心理問題，也是到近年才開始有相關研究。

筑波大學松島綠副教授與助產師，在育兒應用程式上發表報告，指出產後憂鬱在新冠疫情期間比以往倍增的現象。

同時也發現每四人就有一人有憂鬱的傾向，其中三分之二更是毫無自覺。這恐怕是現階段必須緊急處理的社會問題。

▽在新冠疫情中受到矚目的女性首相。孩子由大家一起養

因為新冠疫情的對策，世界各國女性領導者備受矚目，根本原因就在於她們**以生**

命為優先考量並採取行動的姿態。她們鍥而不捨地向國民傳達要**以小孩、孕婦、高齡者或家人為重的訊息**。與否定口罩的男性領導者形成明顯對比。

紐西蘭前總理阿爾登後來成功連任。

她在擔任總理期間也請了六週的育嬰假，由副總理溫斯頓・彼特斯（Winston Peters）代行總理職責。另外在男性的部分，芬蘭前總理帕沃・利波寧（Paavo Lipponen）、英國前首相布萊爾（Tony Blair）、前首相卡麥隆（David Cameron）等人，也都有過請育嬰假的經驗。連續誕下第一胎、第二胎、第三胎、第四胎的人也不在少數。

以下列出幾則國外媒體報導小泉進次郎請育嬰假的新聞標題與內容，從中可以清楚得知世界是如何看待日本的。

- **「不得了的大事」**

美國／紐約時報「日本政治家以父親身分請育嬰假，這是一件不得了的大事」

- **「對勞動壓力的挑戰」**

英國／BBC「日本大臣以父親身分請育嬰假，是對勞動壓力的挑戰」

- **「讚揚長時間勞動的社會」**

英國／衛報「小泉氏是首位以父親身分請育嬰假的日本大臣」

「生產的是妻子，丈夫又沒事可做，有必要請育嬰假嗎？」這種似是而非的企業文化依然根深蒂固。這裡最好將「育嬰假」改名為「產後照護與育兒分擔期」比較妥當，因為命名為「休假」才會導致誤會。

育兒憂鬱

各位知道日本雖以「款待之國」著稱並大力發展觀光業，卻有個很令人遺憾的評價嗎？那就是「對帶小孩的父母不友善的國家」。這件事情在訪日的外國人之間，已經成為「日本的不可思議」現象之一，在網路上流傳開來。舉例而言，如果小孩在電車上哭鬧的話，旁人就會對母親投射「快點讓他安靜下來」的視線；如果推著嬰兒推車搭電車，甚至會有人露出「饒了我吧」、「真礙事」的表情或是不耐地咂嘴。

附帶一提，小嬰兒的體重會在半年內超過八公斤。

比較重的嬰兒推車在安全性上較受青睞，但媽媽獨自一人要在樓梯或電車上收起嬰兒推車、抱起孩子、背起背包，需要很大的力氣。如果帶著老大的話，視線還不能離開孩子。

以下這段對話是敝公司年輕員工向媽媽員工提出的問題。

年輕員工：「在電車上會被投以白眼或咂嘴是真的嗎？」

媽媽員工：「我遇過好幾次了，真的很難過，抱著孩子搭電車讓人非常侷促不安。」

左頁的照片是敝公司員工之間的 LINE 聯絡網。

每週至少會有一兩次左右，會收到員工的通知：「托兒所叫我過去一趟，說我的孩子發燒了，我今天就先早退了。」

即使去到其他公司，也看過女性員工在梯廳等場所，明顯在與丈夫爭論「誰要去接孩子」的場面，然後多數情況下都是太太去接孩子。敝公司是以女性員工為主的公司，希望各位不要忘記妻子也是公司的員工。

某位員工說：「我老公跟公司表示想要花更多時間參與育兒，結果公司好像跟早安，我是XXX，接下來我將開始在家工作。由於小孩的水痘尚未痊癒，因此今天也會一邊照顧小孩一邊工作。請多包涵。

早安，我是XXX。抱歉連日缺勤。因為小孩身體不舒服，要帶他去醫院，所以今天的工作也會比較晚開始。預計從9點半左右開始。請多包涵。

辛苦了，我是XXX。因為小學有面談活動，我要先離開一下。預計一回到家就會重新開始處理業務。請多包涵。

早安，我是XXX。因為小朋友發燒要去醫院，我預計11點左右開始處理業務。請多包涵。

早安，我是XXX。原本預計去鳥居坂上班，但因為孩子發燒了，我將改成在家工作。因為醫院預約時間的關係，我會在12點左右早退。非常抱歉，請多包涵。

來自員工的 LINE 訊息。

他說：『你要放棄晉升嗎？』但是想要共同育兒的三十幾歲的男性增加了非常多。我老公也說無法接受公司的態度。」

在日本，育兒是所有大人的責任與義務。如果上司真的這麼說的話，那可就構成職權騷擾了。而沒有意識到那是職權騷擾的上司，也是一大問題。而且如果不讓更多丈夫學會反駁說那是職權騷擾的話，國家是不會改變的。

如果員工因為沒有參與育兒而日後發生家庭問題，公司也絕對不會負責。人生當中重要的究竟是公司還是家人？我們必須打造出更多發自內心支持家庭幸福的公司才行。

▽爸爸們一同發聲的憂鬱革命

男性育嬰假申請率很低的新聞，應該眾所皆知吧。

這個數值所反映的現實，正折磨著年輕男女與爸爸們。其背後有著不願去理解的經營團隊與組織，以及沒有認真投注心力支持育兒的國家。過去由於有很多妻子都是家庭主婦，因此可以將育兒工作全部交給她們（妻子）。

不過時代變了，爸爸們也想要參與育兒。但日本還存在著根深蒂固的企業風氣與文化，不願支持會成為未來主人翁的年輕男性與丈夫參與育兒。人才服務公司NEXT LEVEL特別趁著二〇二〇年十一月二十二日的「好夫妻日」，針對三百一十四名三十歲以下的未婚男女進行「令和時代的結婚願望」調查，結果有百分之三十的二十幾歲單身男性回答「當家庭主夫也ＯＫ」。時代變了。

年紀愈輕的男性，愈有重視家事與育兒的價值觀。

「我會讓座」標章鑰匙圈。

今後的日本將急速邁向**「共同家事、共同育兒」**。

家有未滿六歲兒童的日本夫妻，女性參與家事與育兒的時間在世界各國中是最長的，男性則是全世界最短的，實在令人驚愕又羞愧。不過女性的社會參與度與男性的家事育兒參與度，本來就應該以同幅度成長，否則最後遭受波及的恐怕會是孩子。

有個東西在網路上引起話題，就是由一位爸爸想出來的「我會讓座標章」。那位男性因為妻子懷孕，所以想到可以親自推動這件事，而他所設計出來的標章，據說也已獲得厚生勞動省的許可，行動力實在是非常優秀。如果每個人都能像這樣採取行動，久而久之肯定會帶來變化（http://sekiwoyuzuru.starfree.jp/）。

男性的家事與育兒參與，在新冠病毒對策這個諷刺的因素下，有了迅速的進展。隨著遠距工作增加，人們意識到為了開會而出勤或出差，是相當浪費時間的事，也發現即使不去公司，還是有很多工作能夠在家完成。

從都市地區搬到郊區或外縣市的年輕家庭愈來愈多。在公園、海邊等靠近大自然的環境中，父親也一起享受育兒樂趣的機運已然到來。

未來十年，男性將採取行動。相信會有愈來愈多可靠的爸爸，教導孩子如何過上心靈豐足的生活。

單親媽媽的生活窮困憂鬱

結婚人口正在減少，離婚人口正在增加。

單親媽媽子女的貧困化是一大問題。

理由之一是很多人在孩子兩歲之前就離婚了。**在母親還很年輕、孩子還很小的狀態下離婚，很難順利找到工作**。丈夫雖身為社會人士，但很多都還處於不成熟的階段，據說有八成的人都「沒有拿」扶養費。其餘兩成平均每月拿到的扶養費是四萬三千七百零七日圓（二〇一六年）。

除此之外，單親媽媽有兩成以上屬於「未婚（媽媽）」或「喪偶」的情形，因此沒有扶養費。

根據厚生勞動省「全國單親家庭等調查」，日本約有一百四十二萬戶「單親家庭」。父子家庭約有十八萬七千戶，相對地，母子家庭則是其六倍之多，約有一百二十三萬兩千戶。將近九成的單親家庭都是母子家庭。

母子家庭與父子家庭的現狀

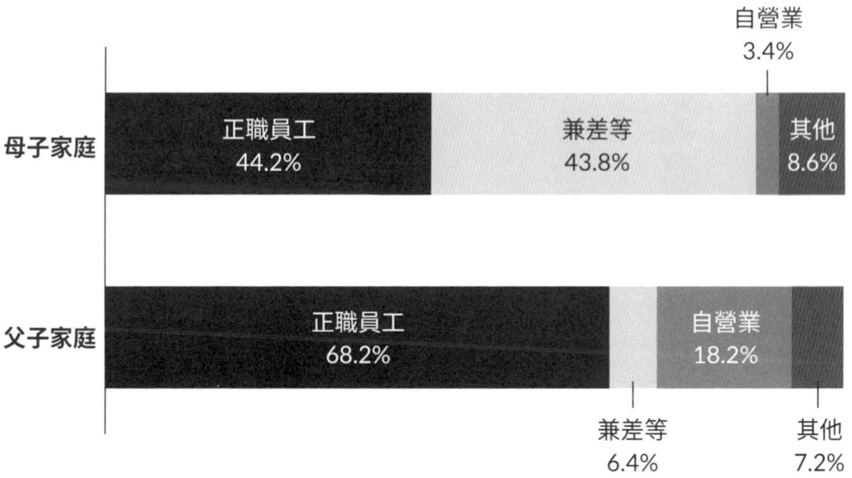

出處：厚生勞動省「全國單親家庭調查」（2016年度）

根據OECD（經濟合作暨發展組織）的調查顯示，在日本單親家庭中，父親或母親有就業的情況下，相對貧困率為百分之五十四點六，這在已發展國家中是相當突出的數字。各位知道為什麼日本作為堂堂經濟大國，單親貧困率會這麼高嗎？

因為在孩子還小的情況下，全職雇用的比例會極端減少。在育兒這件事上，跟金錢方面同等辛苦的，就是養育。

孩子還小的時候需要花心思照顧，舉凡托兒所的接送、飲食、疾病等，各種突發事件都有可能發生。而必須獨自應付這些事情的人，就是單親媽媽。母子家庭中有百分之九十一點四的母親有就業，其中正職員工占百分之四十四點二，非正職員工占百分之四十三點八。

在父子家庭的情況下，有百分之九十二點八的父親有就業。光從比例上來看，與母子家庭的母親就業率並沒有太大的差異，但工作型態卻相差甚遠。

身為父親的就業者中，有百分之十八點二是自營業者，百分之六十八點二是正式職員或受雇者。女性的正式雇用比例壓倒性地低，不得不說，男性與女性的工作條件存在著巨大差異。

母子家庭在成為單親家庭的時間點，老么的平均年齡為四點四歲。帶著年幼的孩子很難全職工作，這樣的現實造就了貧困。日本政府在二〇一九年十一月的內閣會議上，通過了《兒童貧困對策大綱》，當中統整了今後五年期間對貧困家庭兒童的支援方針。不過既沒有目標數值，也缺乏具體政策。

▽單親媽媽支援事業應運而生

單親媽媽即使要找房子，也會因為難以找到保證人，或是非正式雇用導致薪水不穩定而無法入住，類似情況不在少數。話雖如此，一般不動產網站也有個問題，就是很難找到一個物件是否適合單親媽媽的資訊。而有家企業專為單親媽媽經營合租公寓，那就是支援在單親媽媽或爸爸養育下成長的兒童幸福的「單親兒童株式會社」（代表：山中真奈）。

從二〇一五年成立以來，他們就在世田谷區的用賀，展開**單親媽媽與高齡者同居的新型態合租公寓事業**。這項事業的初衷，是想打造出一個讓單親家庭子女也能快樂生活、有熱騰騰飯菜可以吃的環境。如今已有許多大人參與其中，支持著孩子們的未來。

「為了讓孩子過得開心，前提是媽媽也必須開心」——他們基於這樣的理念，經營著以單親媽媽為對象的合租公寓。

這個設施與我們所想像的「合租公寓」不大一樣。

「單親媽媽合租房 MANAHOUSE 上用賀」，是山中代表與高齡管理員也一起生活的「多世代型合租房」。每天都有男性或女性輪班來煮飯或幫忙。進出的人很多，與當地的連結也很強。孩子逐漸展露笑容。而對於心想「要是有這樣的地方就好了」的職場單親媽媽來說，這個合租公寓讓她們心中的期盼化為了現實。

更年期、停經憂鬱

兼顧「育兒」與「照護」，就叫雙重照護；如果再加上其他家人的看護或照護的話，就稱三重照護。隨著初婚年齡的提高，愈來愈多女性在四十幾歲才生育，使得照顧孩子的時期與照護雙親的時期重疊。

由於壽命的延長，處於三重照護狀態的人，也就是要同時照顧四十幾歲的自己、六十幾歲的雙親、八十幾歲祖父母的人也增加了。

雪上加霜的是，很多女性逐漸邁向停經階段，因此會出現意想不到的身體不適狀況。個人差異也很顯著。女性的更年期是在邁向停經的過程中，荷爾蒙逐漸失調的時期，很多人因此變得身心不穩定或身體不適。雖然男性也有更年期，但女性還是占壓倒性多數。肩負育兒、照護的責任，又要面對更年期的不穩定，真的很痛苦。

街上的藥妝店或藥局扮演的角色非常重要；家訪、宅配、巡迴等需求也增加了。溝通對女性來說很重要，若從這一點來思考的話，藥局若能從買藥或領藥的地方，進化成學習預防疾病或亞健康相關知識、獲取資訊、有人能傾聽自己說話的場所，那就再好不過了。

希望有個能讓大家**「在藥局聚集、學習、放鬆心情」**的環境。醫院擠滿了患者，其中也有患者光是知道有人願意聽自己說話，心情就會輕鬆許多。在前往醫院之前，要是能活用藥局，兼設地區學習與社群的機能就太好了。美國有向心理諮商師求助的文化，但這在日本並不盛行。

那麼至少就近設置更多民間社群場所，讓男女老少可以輕鬆聚集，如此一來，相信不管是單親媽媽、高齡者與地區氛圍，都會更開朗愉快吧。

▽憂鬱消費的第一步是「陪伴模式」

妥善照顧女性身體變化前後與變化期間的「不安」，建立這樣的商業模式是符合女性觀點行銷的。

我因為在新冠疫情自主防疫期間變胖的關係，所以開始減肥。顧問定期的「陪伴」幫助我減肥成功，後續也沒有復胖。

方法是每週一次透過視訊與顧問面談，告訴對方測量的數值，並且每次都有與營養相關的迷你講座。顧問人在遙遠的外縣市。但因為採用視訊方式，所以人在哪個地區並無影響。

我遵循顧問的指導，結果過去多次去健身房運動、節食也減不掉的體重立刻就有了變化，並在兩個月內達到目標體重。

其後我從顧問身上學習到有關營養的知識，因此開始懂得如何控制自己的身體狀況，從此沒有再發胖。我把學到的知識分享給親朋好友以後，大家紛紛要我介紹，結果我竟然在一個月內介紹了十六個人，負責的顧問對此既驚訝又感謝。

透過自己的體驗，我親自感受到**「陪伴顧客的銷售」**多麼有效，以及口耳相傳多麼具有說服力。如果只是單純購買的話，肯定只會停留在購買的階段，既不會持續下去，也不會有任何效果吧。

商品會一直重複同樣的循環。或許商品力高是一個原因沒錯，但我想定期的視訊面談還是最大因素，我介紹的親朋好友也都異口同聲地說：「因為有視訊面談，我才能夠持續下去。」只要有人在螢幕的另一端等待，就會產生努力的動力。再加上有同伴可以一起體驗，更能彼此互相打氣，持續改善體質。

期待「科技」的憂鬱照護開發

以上介紹了以往難以綜觀全貌的女性「憂鬱」世界。

女性本身的深刻難題，由女性想辦法自己解決這件事，已經開始出現很大的難關與影響了。當全世界都在放大檢視女性的社會參與之際，人們逐漸看到以往沒看到的世界。將科技的進步結合這些女性憂鬱領域的行動，今後應該會如雨後春筍般蓬勃發展吧。

在與女性相關的幾大領域，近來經常聽到以下三個用詞：

①美容科技（BeautyTech）：美容×科技

所謂的美容科技，就是運用科技創造出新的美容產品與服務。

最近的趨勢包括使用ＡＲ（擴增實境）技術，讓消費者能夠用假想的方式試用粉底或唇膏；或使用ＡＩ（人工智慧）技術，介紹符合自己喜好或肌膚狀態的個人產品等服務。

經營日本最大美容美妝綜合網站「@cosme」的istyle集團，將使用者的美容度與科技度數值化後，製作成ＢＴ度指標並公布。根據這項指標，ＢＴ度高的人占全體百分之七。ＢＴ度愈高，口碑對於購買決定的影響愈大。

②女性科技（FemTech）：女性×科技

所謂的女性科技，就是試圖透過科技解決女性健康相關課題的服務或產品。將female（女性）與technology（科技）結合在一起。女性科技的領域很廣，主要類別包括「懷孕／不孕」、「月經」、「產後照護」、「更年期」、「婦科疾病」、「性健康」等等。

例如，以「懷孕／不孕」的領域來說，就有線上不孕治療諮詢服務、可在家進行的孕產（懷孕生產能力）檢查工具包等等。日本國內的備孕管家服務剛誕生不久，也被導入企業的員工福利項目中。在「月經」的領域，像「Luna Luna」等月經管理應用程式也眾所周知。

③育兒科技（BabyTech）：育兒×科技

所謂的育兒科技，就是將baby（嬰兒）與科技結合在一起的新詞。為孕婦到學齡前兒童，提供育兒、托育相關人力的資訊科技服務與產品的統稱。

Beauty 相關應用程式的滲透度（全體：複選）

	認知	興趣	體驗	使用
Luna Luna	74%	17%	44%	28%
LIPS	47%	18%	26%	15%
watashi+color simulation	44%	14%	14%	5%
FiNC	20%	6%	12%	6%
肌Pasha	19%	7%	9%	3%
MakeupPlus	18%	5%	8%	3%
noin	15%	4%	8%	4%
YouCamMake	13%	3%	8%	2%
DHC化妝盤	7%	1%	1%	0%
PriNail	7%	2%	1%	0%
網購平台的AR虛擬化妝	7%	1%	2%	1%
LOOKS	6%	2%	2%	1%
smile connect	4%	1%	2%	1%
Peaute	3%	1%	0%	0%
SimFront	3%	1%	1%	0%
Optune	2%	1%	0%	0%
Perfect365	2%	0%	0%	0%
MEZON	1%	0%	0%	0%
mira	1%	0%	0%	0%
以上皆非	11%	15%	22%	39%

istyle 公開資料（@cosme 會員的2019年 BeautyTech 度調查）

儘管日本國內呈現少子化的趨勢，但嬰兒用品與相關服務的市場規模卻持續成長。二〇一七年估計比前一年度增加四兆零十九億日圓，約成長百分之六點七（矢野經濟研究所）。育兒的人力資源日益減少是一大主因。

不僅是雙親而已，在托育現場也是如此。尤其新冠疫情更增加了托育人員的負擔。與監護人的聯絡、勞務管理等工作，都得靠資訊科技技術來解決。

育兒科技的領域包括「哺乳與飲食」、「學習與遊戲」、「安全對策」、「妊娠管理」、「兒童健康管理」、「托育環境系統」等等。

女性的憂鬱消費與相關領域好不容易才抵達入口。

以往被視為禁忌的女性課題或問題被具體呈現出來，一方面也是受到社會變得更容易由女性自行發聲的影響。過去女性的憂鬱領域不易說出口，或即使說出口也無法被理解，面對煩惱只能束手無策地選擇放棄。

如今透過科技，已經能夠輕鬆記錄身體相關資料。如果能夠將其作為大數據加以累積研究，相信也有助於解決以往無法釐清的男女性別差異醫療課題。

所有女性都會經歷的「憂鬱」之路，蘊藏著無比龐大的可能性。

第九章

女性眼中的十年後消費社會

填補與企業之間十年差距的觀點

前文提到，女性生活在十年後的未來。在周圍提出「永續性」或「ＳＤＧｓ」的很久之前，她們就在生活中採取行動了。次頁圖是詢問女性消費者與企業，對於採取行動的意識差距。

女性消費者對「ＳＤＧｓ」一詞的認知度較低，為百分之五十六點三，但對於永續性行動表示關心的人，約達全年齡層的八到九成。

相對地，企業方對「ＳＤＧｓ」的認知度高達百分之九十六點九，但對於是否實際採取行動的提問，只有百分之五十六點三給予肯定回答。一百人以上的企業則為百分之六十七。

可見相對於女性的意識高漲，企業方採取行動的速度比較緩慢。

在企業調查中，也出現像是「ＳＤＧｓ賺不了錢」、「認真採取行動的企業很少」、「只是表面上」等回應。如同個人能做到的事情一樣，就算是從貼近生活者角度的行動開始也好，對員工與顧客表達立場的態度也是很重要的。

請問你聽過 SDGs 嗎？

「女性消費者與企業的意識差距」、「SDGs 相關意識調查」（引用自《 HERSTORY REVIEW 》2020 年 2 月號「永續性意識消費」）

女性有百分之八十五點四的人回答：「想要購買投入永續性活動的企業商品與服務」。由此可知，企業究竟會被掌握八成消費的女性冷眼相待，還是成為被選中的那一個，顯然已經來到一個明確的分岔路口。

哪一條路賺不到錢，答案顯而易見。二〇二〇年，終於得以讓女性對十年來隱約有所醒悟的生活做出決斷。女性將跨越分岔路，邁開步伐，不再迷惘。

十年後的消費領導者是千禧世代

我們在思考十年後的未來時，還有一件重要的事，就是思考：「誰才是走在那個時代的主角？」

毫無疑問地，就是現在二十到三十幾歲的人。這個年齡層的人在跨過二〇〇〇年以後才成年，因此被稱為千禧世代。

千禧世代的價值觀，與千禧年以前成年的世代截然不同。在千禧年以前成年的世代，必須充分認知到這個事實才行。

在敝公司主辦的「女性趨勢講座二〇一七」上，我介紹了軟體銀行（SoftBank）的廣告詞。也就是由女演員廣瀨鈴飾演的女高中生與小賈斯汀共同演出的「宣言篇」。

「世界正要開始大幅改變。我們學生理所當然地活在有智慧型手機的世界。數位地球村從一開始就再正常不過了。」

「我們才不是大人的後輩。」

「我們大概是第一批與智慧型手機一起長大成人的人類。」

廣告中如此宣言。廣告詞非常淺顯易懂，令人驚嘆。

這些高中生也即將成為大人。

他們對於網路上互相傷害的恐怖、把人逼到自殺的危險性，有十分深刻的認知。他們會思考什麼才是真正必須重視的。他們對於昭和時代的懷舊商品或設計很有興趣。他們對於解決社會課題的行動具備強烈意識，也很擅長在社群媒體上召集產生共鳴的人，形成自己的社交圈。

▽千禧Y世代與Z世代的差異

有次我在與朋友和她就讀高中的女兒一起用餐時，她女兒問我說：「妳們都是在一〇〇〇年代出生的吧？」著實令我嚇了一跳。這是我第一次意識到，原來世代差異是以千年為單位畫出分隔線。

千禧在英文中是「千年紀的」之意。在美國的智庫中定義一九八一年到一九九六年出生的人為千禧世代。這個世代的人會在二〇二五年邁入四十歲。

美國將一九六〇年代初期到一九八〇年出生的世代，稱作「X世代」，因此順勢將千禧世代稱為「Y世代」。「Z世代」則是接在Y世代之後的世代，也就是從一九九〇年代後半，到二〇〇〇年代初期出生的世代。

在千禧Y世代與Z世代之間，存在著價值觀的差異。

Y世代雖然是具備高資訊科技素養的世代，但追求穩定，也稱作「冰河期世代」。主要是因為他們的青春期是在「失落的二十年」中度過。比起對公司的歸屬意識，善用轉職或個性的意識更為強烈；重視透過網路與價值觀相符的人「連結」。此外，也清楚知道周遭的大人並未充分運用資訊科技，是一群生長在沒有智慧型手機時代的人。這個世代的人見聞過前後兩個時代，夾在雙親的昭和時代與平成的自我時代之間。

Z世代則擁有嶄新的、人類史上首次出現的新價值觀。他們從出生時起，資訊科技產品就理所當然地充斥於生活中，並且充分理解與資訊科技共存的便利性與危險性。

也正因為懂得善用資訊科技這項工具，才更重視本質性的價值。此外，對於地球環境等社會課題也具備高度意識。對於過度使用數位工具所造成的身體不適、隱私權保護以及社群媒體的危險性有清楚認知。

面對Y世代與Z世代，建議各位要有一個觀念，就是他們的價值觀與前面世代的人截然不同。

從求職、工作方式、結婚、育兒乃至企業評價，他們都會嚴肅看待，並具有撼動真實社會的力量。

十年後的未來，千禧世代的價值觀將成為主流。

敝公司在針對「新冠肺炎擴散所帶來的價值觀變化」進行訪談之際，有一名二十多歲的女性提出類似這樣的言論：

「我大概兩年沒買寶特瓶飲料了，一來會增加垃圾，二來也占空間。使用沖泡茶包可以喝很多又好喝。」

「一年兩次換季時，我都會把衣服拿到我在附近找到的舊衣回收店，總覺得比直接丟掉好。」

「我都在GU買衣服，既時尚又便宜。前陣子我聽到店內廣播說，幾年之後要把包裝或垃圾量減少多少，走出店門口時不禁心想：『我在這裡購物是在做好事』。」

「我不大懂什麼環保或SDGs，但我只購買自己需要的東西。這樣就算環保嗎？但這很普通吧。」

▽改變社會的，是千禧世代的社會創業家

如今日本陸續有年輕的社會創業家或團體領導者誕生。

例如國產牛排丼專賣店「佰食屋」，是一家一天只賣一百份餐點的店，賣完就會關門，員工都是單親媽媽或身障人士，因此可以工作的時間有限，與開設多家店面的營收至上主義位於兩個極端。由勞動的一方挑戰店面經營。透過「減少營收」、「不採用自我感覺良好的人」等與以往完全相反的觀點，募集到許多能產生共鳴的人。代

表中村珠美是一九八四年出生的。

一般社團法人 APPLAUSE 是由身體有障礙的人所經營的插花店，代表光枝茉莉子是前東京都福祉保健局職員，與前一段提到的中村同為一九八四年生。

一般社團法人 Colabo 從事女高中生支援中心的事業，主要活動是經營「十幾歲免費的夜間咖啡」，也就是將粉紅巴士停在新宿或澀谷，讓深夜裡在鬧區徘徊的女高中生有處可去。代表仁藤夢乃為一九八九年生。

接續在這群Y世代之後的Z世代，也已經展開行動了。

出演新聞節目《news zero》（日本電視台）的創意總監辻愛沙子，是一九九五年生，她創辦了株式會社 arca，經手活動企劃或餐飲店的企劃等等，並號稱是「社會派創意」。

提供配合生理週期配送保健食品訂閱服務「ILLUMINATE 票券維他命」的早川五味，同樣是一九九五年生，她擁有大約八萬五千（截至二〇二〇年十二月為止）X（舊名 Twitter）跟隨者的傳播力。

她們的共通點就是以「意思」、「意義」為初衷，把賺錢放在第二位。

未來的世代不看年齡，一個人的意志與行動，就具有撼動眾人的力量。

同樣地，現在的年輕員工會觀察公司的態度。優秀員工的視線總是會投向社會。

從女性的消費動向解讀未來趨勢

以下是每月在女性消費者動向報告《HERSTORY》中，向女性進行問卷調查與訪談的編輯團隊，按照類別整理出來對今後的預測。分別是「飲食」、「時尚」、「健康」、「美容」、「居家生活」、「學習」這六大類。請務必將其作為今後行銷的參考。

▽飲食

①食譜變成線上直播與下單一體化

料理從搜尋食譜變成以影片為主。透過虛擬實境觀看自己喜歡的料理研究家做菜，感覺就好像一起在廚房裡一樣。

此外，現在也有推出結合科技的服務，只要將自家冰箱內的食材拍到螢幕上，就會自動顯示出合適的料理，並播放那道料理的影片等等。食譜影片與下單也會逐漸一體化。只要覺得「這個看起來很好吃」，就下單吧。

②意義飲食與減少食物浪費的活動

「誰、為了誰、在哪裡、如何」的飲食意義或故事變得更有價值，朝著購買支持、支援、堅持、心力、傳統、稀少、營養、知識提供等「心意」的方向發展。鑑定能力將更加受到強化。此外，也認同使用可回收容器的商品，或針對食物浪費採取行動的態度。來自日本的減少食物浪費服務「TABETE」的使用者具備救援意識。可以獲得「便宜、划算、做好事」三大好處的購物方式愈來愈為人所知。

③職業婦女福利×科技

這是我覺得一定要向各位提議的著眼領域。敝公司多年來雇用許多女性員工，在苦於經痛的女性員工前往診所就醫之前，敝公司都會為她們提供改善「飲食生活」的指導。結果她們充滿感謝地表示，原先虛弱的體質改善到連父母都很驚訝的程度，經痛也有所好轉。

愈是年輕的員工，愈缺乏飲食生活的知識，不曉得「女性身體該補充哪些營養」。期待未來科技能夠實現「考量女性身體的營養學×食物×醫療×管理工具」，這種以身心健康而非以疾病為主題的福利。

▽時尚

①物品極簡化

不擁有衣物變成一種時尚。斷捨離、二手衣物的回收與買賣，在個人之間變得很尋常。此外，也會以我的職場制服、居家套裝，而非西裝的概念，依據場合挑選最不浪費的服裝，亦即最小限度與最適化。不是完全不消費，而是能夠在斟酌、接受、不浪費、盡量對社會有益等購物意識中，享受最高等級時尚的人才夠時尚。

②百搭單品的價值

一項單品如何組合、搭配的提案力將帶來價值。現在也出現愈來愈多可以參考別人的搭配，然後直接購買自己喜歡的衣服的應用程式，但像是如何運用一種鞋子、包包等單品讓整體造型發揮最大魅力的提案力，會非常吸引人。

③意志時尚

時尚很容易表現出自己的意志或價值觀，而表現出比永續購物方式更超前一步的升級再造（重新轉化為更有設計價值的物品）品牌愈來愈受歡迎。穿著那個品牌代表對意志的贊同與共鳴，並進一步連結到社會貢獻。「購買」就像是「投票」的感覺，穿著一個品牌也代表連結或團結之意。

▽健康

①生殖健康與權利

生殖健康與權利（Reproductive Health and Rights），即與性和生殖相關的健康及權利。女性與男性透過生命週期，會去關心面對不同健康問題的重要性與理解。不僅是外表而已，會從內在開始正確地調整到健康狀態。在針對女性特有憂鬱的性別差異教育上，也顯現出從低齡期開始推廣的重要性。未來也會更講究國小、國中、高中生的性教育型態。欠缺性知識是少子高齡化的一大根本原因。以往被視為禁忌的領域將漸受關注。

②線上個人管理

健身房的線上化、用 YouTube 觀看影片等等，如今在家裡就能輕鬆安排運動健身。活用社群媒體的個人建議或諮詢服務日益發展，隨時隨地都能點擊學習。由於女性之中有很多人覺得與朋友見面很開心，因此線上團體交流等課程的需求也很高，今後在體適能或文化領域也能夠直接參加國外課程，同時也可提供同步翻譯或口譯。

③跨領域健康照護服務

所有業界都在朝著健康的方向發展。例如任天堂的健身環持續熱銷，可見連遊戲業界都把健康納入考量。在全球大受歡迎的線上騎單車遊戲 zwift 等，結合實際活動身體的現實與影像中遊戲世界的非現實，應該會加速發展。

電子產品對人造成的不良影響也更加明顯，孩子們接觸自然的時間與接觸電子產品的時間該如何取得平衡，將成為接下來的課題。在大自然中度過的時間會變得很有價值。

▽美容

①透過影片分享使用心得

若詢問十幾、二十歲的年輕世代常看哪些 YouTube 頻道，幾乎一定會得到的答案就是美妝 YouTuber。像 @Cosme 這種口碑網站當然很受歡迎，但口耳相傳和評比更勝一籌。沒有什麼比美妝 YouTuber 實際化妝評比的報告更具參考價值了。也有由美妝部門員工分享專業技巧等等，針對擁有粉絲的員工設計的獎勵評價制度。對於需要體驗的商品，口碑具有壓倒性的影響力。

②CP值、品質、設計的三高

美妝業界的好商品多不勝數。知名化妝師 IGARI SHINOBU 的「WHOMEE」、大創的美妝品牌「URgram」、深受職業婦女歡迎的BCL公司的「Saborino」時段別與煩惱別系列、光靠外觀設計力也能暢銷的「Fujiko」等二千日圓以下的時尚、高品質美妝接連問世。GU也開始販售幾乎都是一千日圓以下的國產天然化妝品。商品將依顧客不同的需求加速細分化。

③反映生活樣貌的自然派妝容

隨著永續性與有機商品的增加，自然的妝容（接近素顏）也愈來愈受到肯定。注重自己的裸膚狀態，飲食生活與運動等等都會反映在肌膚上。在家就能做的保養、居家美容等，從基礎開始改善膚質的商品備受矚目。話雖如此，忙碌的日常還是需要輕鬆、省時的「效率」，因此也會注重如何在短時間內，或者利用睡覺時間保養肌膚。裸膚是不會騙人的。自然派會呈現出平常的保養方式、時間安排等生活樣貌。

▽居家生活

①居家辦公室的進化與充實

在新冠疫情影響下，遠距工作的人增加了，也得到重新檢視住家與生活方式的機會，例如搬遷至離職場較遠的寬敞房屋、有庭院的房屋等等。Wi-Fi 環境、辦公椅、個人電腦、家用咖啡機等充實家中環境的商品，也產生穩定的需求。有許多人對女性家用辦公椅表示不滿。雖然有推出女性化的顏色等設計，但深入研究女性身體的居家辦公家具仍是尚未開發的領域。

②以家庭為單位的移動型住所

例如銷量增長的露營車等等，在新冠疫情期間，即使外出也不怎麼需要與他人接觸的產品類型大受歡迎。露營成為人氣活動，相關商品（露營用品、戶外用品或服裝）也十分熱銷。豪華露營區這類可以兩手空空輕鬆前往的非正式露營場地，或稍具特殊感的場所都很受歡迎。陸續與人口外移地區、少子化城鎮進行商業搭配，結合自然體驗、住宿與週末露營感，到哪都能工作，到哪都能授課、到哪都能生活的型態逐漸擴散。

③減少垃圾的循環

自從購物袋開始收費後，便出現環保購物袋等產品，社會環境變得讓人不得不意識到環保議題。人們開始思考，既然都要消費的話，不如購買對環境更友善的東西。無塑包裝、回收再生產品的消費，應該將會有更進一步的發展。與其花時間替自家廢棄物辦理大型垃圾清運手續，不如尋找定期訂閱制的回收業者；使用家庭專用機密資訊的溶解或碎紙機；與住宅或公寓合作，針對垃圾廢棄的再利用提供點數等等，有許多的可能性。

④在家用餐服務

由於在家用餐的機會增加了，烹飪的次數也形成負擔。雖然一度流行起自煮料理，但同時大家對 Uber Eats 這類服務也更加熟悉，因此如今透過外送也能輕鬆在家享用到餐廳美食。在家不煮飯的外國文化似乎也傳入了日本。家常菜似乎也從在家自己煮的認知，變成從周遭餐廳點外送的形式。如今是個餐廳菜餚也能低價購得的時代，使用範圍變得更多、更廣。

⑤寵物科技、寵物機器人

飼養寵物的家庭增加。隨之而來的寵物科技市場（專為寵物設計的科技服務）也擴大了。獨居人口愈來愈多，把寵物當成家人的人也隨之增加。這些人在離家外出時，會利用照顧寵物的服務或自動餵食器等產品。

寵物機器人的種類也增加了，例如 Aibo 機器狗、居家機器人 LOVOT 等等。LOVOT 因為獲得威斯汀、新大谷等高級飯店的採用而受到矚目。寵物機器人的寄放服務，或在照護、醫院等場所有寵物機器人相伴等，寵物相關科技已然成為生活中的重要存在。

▽學習

①線上就學

幼稚園、授課、補習班、學習等，都因為新冠疫情而轉為線上化教學。很多小朋友會也會收看 YouTube 來打發時間，因此 Wi-Fi 環境、iPad 、個人電腦等平板變成必需品。原本去學校上學是理所當然的常識，因此很多家長曾苦惱於孩子拒絕上學，不過隨著線上授課的推廣，在家也能獲得學分或聽課。若擔心把孩子一個人放在家裡的話，也可利用補習班或遊戲室，如此一來即使不去學校，一樣能線上聽課。

②商業與經濟教育

日本不管是女性管理職、政治家或創業家，在已開發國家中都極端稀少。換言之，很多女性並未學習金錢、商業或政治方面的知識。而具備高度社會意識本應是女性的強項。女性學習商業與經濟，將會成為改變未來的力量。

我在新冠疫情期間成立了「一般社團法人女性實學協會」，這是一個讓女性真正地學習經營的地方。

若女性能夠真正地學習經營或管理，也將更容易孕育出支援社會的商品或服務。

結語　十年後消費社會的答案

這是一本有關女性觀點行銷的書籍。

相信有很多讀者展讀本書，是出於「想要提高營收」或「想要增加顧客」的心情，更重要的是「看不見新冠疫情後的消費社會將如何發展」。

這樣一章一章閱讀下來，我想我已經傳遞出「女性市場」的現實。當中充斥著以往被人視而不見的課題。

為什麼「女性市場」過去從未被人認真研究？

本書一再強調女性看的是十年後的未來。

女性從十年前就預測到當今的日本，並持續發送ＳＯＳ訊號。

如今日本的「顧客人數」正在急速下滑。

二〇二〇年出生的新生兒是八十四萬七千人。新冠疫情導致少子化加速，原本預計十年後會減少到七十萬人以下，如今又比預期更加提前了。

各位想過這個數字背後的嚴重性嗎？

孩子是由父母兩人孕育的。如果每兩人生出一人的數值持續下去，代表每年會以子女比父母世代少一半的速度遞減。即便這是極端情形，也不改其嚴重性。

就算人生不斷延長，活躍期依舊短暫。年輕世代逐年遞減的國家不會有未來，也不會湧現活力，無法預見更多的成長。

有時會看到一些專欄提出「少子化沒有那麼不好」的觀點，令我相當訝異。明明這代表著我們正迅速走向滅亡。

女性從十年前就察覺到這樣的現實。

不過如今女性已不再處於無法發聲的立場了。對此，我們可採取兩種緊急對策。

一是**解決男女之間育兒家事時間差距世界第一的現狀**。

二是**從女性擔任政治、經濟要職最少的已開發國家中提高排名**。也就是性別落差指數排行榜。

這兩件事對社會造成極大的扭曲，創造出無法全面保護有可能懷孕生子的女性身心的現實，而且人們一路走來都未意識到此事的重要性。

巧合的是，新冠疫情使得參與家事育兒的男性增加了。不過另一方面，各位知道家暴或虐待等情形也大幅增加了嗎？被害者幾乎都是女性與兒童。身為弱勢族群的女性，在這個國家無法為自己發聲。在解決少子化以前，我們周遭還有大量必須處理的課題。

本書並不是想用悲壯的方式來傳達這樣的現實。

身為行銷人，我想達成的目標是讓當前的日本恢復活力，阻止少子化，讓神采奕奕的消費者再度增加，讓城市找回生機。

方法就是全力執行前面提到的兩個緊急對策。

事實上，在已開發國家中，有好幾個國家走過與日本相似的道路，卻能夠克服少子化。北歐各國與法國，都成功讓維持國家活力所需的總生育率V型反轉。而這些國家都是名符其實的全球性別落差指數排行榜資優生。

少子化與性別落差指數具有關聯性。

因為將女性觀點納入主要政策，可以因應以往忽略掉的聲音與看不見的現實。此外，也有很多國家設置「女性部」等專責政府機構。當然，這在日本是不存在的。雖然可能有人會說「這是在給女性特殊待遇嗎？」或「這是逆向歧視」，但「性別落差排行在已開發國家中敬陪末座」一事，限縮了國家的未來與可能性，難道不該將此視為最優先的緊急課題，即使是期間限定也該把「女性部」視為當務之急嗎？

「女性部」並不是給女性特殊待遇的部會，而是在守護女性的身心，由社會支援生產或育兒，以達成人口活性化與保護孩子們的環境。

二〇二〇下半年，我讀了一本話題暢銷書，日文版名為《武漢日記：封鎖下六十天的真實記錄（暫譯）》（河出書房新社）[29]。這是住在中國武漢的作家方方，在自己的部落格上持續書寫的日記，內容是關於新型冠狀病毒肺炎蔓延期間，一千一百萬人大都市在完全封鎖下的實情。她的文章中最令人注目的一段話，就是：「檢驗一個國家的文明尺度，從來不是看你樓有多高，不是看你科技多發達（中略）。檢驗你的只有一條：就是你對弱勢人群的態度。」（二月二十四日）

從物品到事物
從事物到意思
從意思到意義

29 『武漢日記：封鎖下 60 日の魂の記録』，ISBN：978-4309208008

二〇二〇年秋天，一般財團法人日本女性財團成立了。該團體主張所有女性的「福利」與「成立女性部」。敝公司作為支持者之一，也加入了這個以「打造全面守護女性身心的國家」，而非以競爭為目的的團體。目前正在募集支持者、企業與團體。

女性觀點行銷追求的不是「戰勝並消滅敵人」。如果只是互相爭奪逐漸減少的顧客，是無法長久經營下去的。

女性觀點行銷採取的路線是**「互相幫助、增加同伴、共生共存」**。

創造未來十年的不是別人，就是我們自己；可以讓十年後、二十年後的未來變成充滿活力的消費社會的，也只有現在了。

相信這種以往被人所忽略的行銷，也就是女性觀點行銷，能為各位的事業帶來嶄新的氣息與未來。

後記

本書完成於二〇二〇年底的初冬。

從最初提筆開始，已經過了整整一年。我從沒想過會遇到新型冠狀病毒感染擴散，但如今回想起來，幸好沒有在去年出版。我一直都覺得，女性始終看著十年後的未來，而且經歷過新冠疫情以後，這樣的感覺益發清晰強烈。

二〇二〇年似乎是個奇妙的一年。在西洋占星術的世界，這年據說是二百年一度的大合相，宇宙與行星的位置會發生巨大的變化，從二〇一九年底開始就有很多命理師說：「明年將會是很艱辛的一年。」

到二〇二〇年為止的「土象時代」，象徵的是物質上的豐盛，即擁有眼睛看得見的物品。從二〇二一年開始的「風象時代」，象徵的是資訊或體驗等眼睛看不見的豐盛，從擁有轉變為分享、從蓄積轉變為循環、從邊界轉變為無邊界、從自力轉變為共創與互助，然後從利己轉變為利他，完全就是女性觀點行銷所帶來的價值。這些都在新冠疫情下加速發展。

讓人不禁感覺「好像有股人類無法控制的潮流存在」。

給予我撰寫本書契機的，是株式會社 Social Business Partners 的社長山崎伸治，與遠赴柬埔寨致力於女性能力開發的株式會社 Blooming Life 社長溫井和佳奈二人。我至今依然清晰地記得，我們在麻布十番居酒屋交談的那一天。

山崎社長說：「妳現在在做的事情『最好出版成一本女性剖析全書』。」我因此獲得了一個關鍵字——「女性剖析全書」，這個詞讓我徹底意識到，我想將這三十年來走過的路彙整成冊。

當時是敝公司一九九〇年創業以來的第三十週年。

不是女性市場，而是女性眼中所見的社會。在我談論著自己想要將那個社會化為文字呈現給世界，讓這個社會成為所有人都感到幸福的社會時，他們給了我很大的提點。兩位摯友總是在重要的時刻讓我開竅，我想衷心表達我的感謝。

我希望透過女性觀點行銷，讓大家認可性別是多樣性的一環，並放下性別隔閡，為了未來的孩子們攜手面對社會。

事實是，日本男性至今依然身為政治經濟中心的領導者。是故，在思考未來時，也有很多男性領導者覺得社會有股莫名的不協調感。

包括我自己在內，如今女性之所以能擁有像這樣表達意見的環境，都得歸功於那些為了讓社會「共同」邁進而給予支持的人們。

不過未來十年，我們必須盡快增加女性的政治家與經濟人。女性觀點是從生活看社會，關心男女老幼。國家與企業都必須終結極端缺乏女性觀點的失衡指揮。必須從偏頗達到平衡，否則只會出現更多扭曲。這樣下去，不管是女性、男性，還是未來的年輕人與小孩，都不會得到幸福。

需要「共同」討論、攜手、思考、行動的社會運動時刻已經來臨。

為本書出版投注許多心力的前《商業界》月刊主編，現「商業未來研究所」代表笹井清範，經常對我發表的內容給予堅定支持。此外，在本書的出版與編輯上，同文館出版的津川雅代也提供我許多建議。我想衷心向二位道謝。

最後，我也希望將本書作為一種記錄與訊息，獻給敝公司的員工與各界夥伴。

我未滿二十歲時就經歷過大病與手術，還被告知無法生育，但後來卻在二十五歲結婚並奇蹟似地誕下女兒。讓我對各式各樣的女性人生與社會抱持莫大關心的契機，就是我自己的人生。

成為創業家之後，我也持續聆聽眾多女性的聲音，在從事行銷事業的過程中，我自己也不例外地經歷過數次婦女專屬的憂鬱期。雖然「男女共同」這個關鍵字早已在社會上廣泛運用，但實際上卻並未如此。接下來的十年，希望能透過女性身處的現實，與強大男性的思慮與胸懷，「共同」創造出未來孩子們的幸福。

目標是全球性別落差排行榜前五十名。我想為實踐者提供支援。

也希望能致力於「女性部」的成立，讓日本在二〇二一年起的未來十年，成為「全面守護女性身心的國家」。

期待十年後能透過出版向各位報告成果。

株式會社 HERSTORY 代表董事 日野佳惠子

二〇二一年一月

官網連結

■ 株式會社 HERSTORY https://herstory.co.jp/

■ 一般社團法人女性實學協會 https://www.j-jitsugaku.org/

■ 一般財團法人日本女性財團 https://www.japan-women-foundation.org/

抓住她的心！左右80%市場的女性觀點行銷

女性たちが見ている10年後の消費社会

作　　者　日野佳惠子
譯　　者　劉格安
主　　編　鄭悅君
特約編輯　王綺
封面設計　Bianco Tsai
內頁設計　張哲榮

發 行 人　王榮文
出版發行　遠流出版事業股份有限公司
地址：臺北市中山區中山北路一段11號13樓
客服電話：02-2571-0297
傳真：02-2571-0197
郵撥：0189456-1
著作權顧問　蕭雄淋律師

初版一刷　2024年3月1日
定　　價　新台幣420元（如有缺頁或破損，請寄回更換）

ISBN　978-626-361-447-5
遠流博識網　www.ylib.com
遠流粉絲團　www.facebook.com/ylibfans
客服信箱　ylib@ylib.com

JOSEITACHI GA MITEIRU 10NENGO NO SHOHI SHAKAI by Kaeko Hino

First published in Japan by Dobunkan Shuppan Co., Ltd., Tokyo.
This Complex Chinese edition is published by arrangement with
Dobunkan Shuppan Co., Ltd., Tokyo in care of Tuttle-Mori Agency, Inc., Tokyo,
through LEE's Literary Agency, Taipei.

國家圖書館出版品預行編目（CIP）資料

抓住她的心！左右80%市場的女性觀點行銷 / 日野佳惠子著 ; 劉格安譯.
-- 初版 -- 臺北市：遠流出版事業股份有限公司, 2024.03
368 面 ; 14.8 × 21 公分
譯自：女性たちが見ている10年後の消費社会
ISBN 978-626-361-447-5（平裝）

1.CST: 消費者行為 2.CST: 女性心理學
3.CST: 行銷策略

496.34 112022329